科普图书馆

小动物的大智慧

生存有妙招

廖春敏　主编

上海科学普及出版社

图书在版编目（CIP）数据

生存有妙招 / 廖春敏主编 .—上海：上海科学普及出版社，2014.9（2018.4 重印）

（小动物的大智慧）

ISBN 978-7-5427-6209-2

Ⅰ.①生… Ⅱ.①廖… Ⅲ.①动物—普及读物 Ⅳ.① Q95-49

中国版本图书馆 CIP 数据核字 (2014) 第 176224 号

策　　划　胡名正

责任编辑　张怡纳

统　　筹　刘湘雯

小动物的大智慧

生存有妙招

廖春敏　主编

上海科学普及出版社出版发行

（上海中山北路832号　邮政编码 200070）

http://www.pspsh.com

各地新华书店经销　　三河市恒彩印务有限公司印刷

开本 889mm×1194mm　1/16　印张 8　字数 160 000

2014 年 9 月第 1 版　　2018 年 4 月第 2 次印刷

ISBN 978-7-5427-6209-2　　定价：23.80 元

FOREWORD 前言

动物的世界是瑰丽奇妙的，一只只动物都有着自己独特的智慧。“物竞天择，弱肉强食”的自然法则在动物世界中被发挥得淋漓尽致，无论是小到肉眼无法看到的单细胞动物草履虫，大到如小山一般遨游于海洋的巨鲸，每一种动物从它们降临到这个世界起，就面临着许许多多难以想象的生存难题和挑战，它们要寻找食物，要生儿育女繁衍后代，要在各种竞争中争得自己的一席之地，要与形形色色的捕食者周旋，要躲避种种生存危机。于是，在险象环生的世界中，为了各自的生存，动物们各显神通，智慧发挥到极致，巧妙地应对着这些从一出生就面临的最残酷无情的竞争。

在看“动物世界”的时候，我们能发现好多动物具有一些在人类看来似乎难以理解的奇特长相和行为，其实，这些都是动物们长期适应生存环境和自然选择的结果。为了更好地给读者对动物们的怪异行为进行答疑解惑，我们挑选了数百种充满智慧且具有怪异行为和特征的动物，进行分门别类的划分，编辑成“小动物的大智慧”丛书，从四大方面（《神奇动物装》、《生存有妙招》、《独门杀手锏》、《动物特种兵》）进行阐述。

本册《生存有妙招》，从动物们独特的生存方式出发讲述动物生存竞争中获胜的重要原因。其中有善于织网、筑巢、挖洞的小动物，如蜘蛛、缝叶莺、白蚁、河狸等；有具有出色运动能力的“体育健将”，它们或是善于飞行，或是善于奔跑，或是善于潜水，这些都是它们捕食或是逃生必不可少的技能；有掌握了巧妙的取食方法的动物；有利用自身的独门“毒”计杀死猎物的，如蓝环章鱼、漏斗蜘蛛等；还有靠偷靠抢来获取生存所需的食物的“强盗”动物……总之，一切为了生存，神奇不断演绎。通过本书，读者可以了解到动物们更多鲜为人知的“内幕”，让人惊叹，并将读者带入更深入的思索，以解答更多的疑问和谜团。

为了给读者创造更好的阅读享受，让读者更真实地体验到动物们生存的精彩画面，参与本书编撰出版的诸位老师：廖春敏、李坡、孙鹏、王玲玲、刘佳、陈晓东、李立飞、白海波等，在文字撰写、图片使用、版面设计上都倾注其所有心思，力求做到文字充满青春张力、图片新颖贴切、设计清丽明快。在此感谢以上各位老师为本书所做的各种工作！

最后，希望本书能够成为各位读者了解神奇动物世界的良师益友。

CONTENTS 目录

技艺超群的“能工巧匠”

能力突出的“运动健将”

取食有法的“贪吃大王”

养生有道的“长寿明星”

歌声传情的动物“歌手”

手段老辣的剧毒“杀手”

嗜血成性的“吸血狂魔”

手法高明的动物“小偷”

明抢暗夺的动物“强盗”

另类求生的海底精灵

光电制胜的特殊鱼类

技艺超群的

“能工巧匠”

蜘蛛："纺织大师"

我们家族里的大部分成员都是精于织补的"纺织大师"。靠着精湛的纺织技艺，我们衣食无忧，空闲时还能晒个太阳。我们大概是最好命的一类动物吧。

巧结蛛网强韧牢固

大自然中最精美、最致命的建筑，应该要数蜘蛛用蛛丝建造的房屋——蛛网。蜘蛛会用自己编织的蛛网来捕获天空中高速飞行的昆虫，一旦猎物落入网中，就别想逃走。

人们常可看到在沟溪两边的树木之间，或者两个离得很远的房檐之间结着一个蜘蛛网，蜘蛛既不会飞也不会游泳，它是怎样架设这张"空中罗网"的呢？

蜘蛛是节肢动物，肛门尖端突起处有几对"吐丝器"，可分泌出黏液，这种黏液能在空气中迅速地凝固成细丝。蜘蛛若要到达无法直接到达的对岸时，它就先架"天索"。它从立脚处引出许多根长度足以到达对面

▲一只黑寡妇蜘蛛正在织网，我们能看见它的吐丝器中正在往外吐丝。

的长丝，然后让丝顺风飘动，当丝的另一端粘在下风处的树枝上后，蜘蛛就把丝绷紧，然后再在丝上来回爬上几次，再加上几根丝使其增粗加固，这就是网的基础。以这根粗丝为基础就可以结出各具特色的网了。

蜘蛛网是蜘蛛的狩猎场。苍蝇、蚊子、牛虻、金龟子等许多害虫都是蜘蛛的狩猎对象。这些小昆虫大部分被蛛丝缠住，静静地粘在网上，有的尽管挣扎但也逃脱不了变成蜘蛛腹中之餐的命运。

神奇的蛛丝是不可多得的建筑材料，是蜘蛛用来编织致命蛛网的秘密武器。在重量相同的情况下蛛丝的弹性是尼龙的两倍，韧性是钢铁的六倍，难怪蜘蛛能够造出人类建筑无法比拟的结构。而且蛛网还非常环保，是一种可回收产品，蜘蛛通常会将废弃的蛛丝吃掉，然后再重新利用，而人类工程师是无论如何也做不到这一点的。因而蜘蛛以其不同寻常的纺织能力而著名。

用途广泛的蜘蛛丝

蛛丝细到只有千分之五毫米，1000多根细丝合成一股，其直径才只有人的头发丝的1/10，被人类用来做精密光学仪器镜片上帮助瞄准的叉丝。仿生学家从蜘蛛纺锤突受到启发，制造出了现代人造纤维的喷丝头。

▲ 织网时，蜘蛛通盘考虑到结构力学，在承重高的地方用更强韧和更粗的丝。

美国科研人员对这种自然界最纤细的化学纤维也兴趣百倍，他们对蜘蛛丝独有的延伸性、坚固性、丝的结构和功能，以及一只蜘蛛可分泌六种不同用途的丝（结网丝、悬吊自身的丝、用作育儿室的丝、婚室丝、通信报警丝、路线丝）进行了深入的研究。已从一种拉丁美洲蜘蛛的体内，找到了蜘蛛的造丝基因。如果能把这种基因分离出来，并转入某些细菌中，那么这些细菌将会比蜘蛛更快更多地生产蛛丝。就目前所知，蛛丝可用来制造类似玻璃纤维那样牢固而质轻的材料，作为飞机的保护层和驾驶员头盔。在医疗方面，它还能用于外科手术的缝合线，因为蛛丝不会引起免疫系统的反应，有利于伤口愈合。将来蛛丝会更多地走向实用化，人类会生产出大量的人造蛛丝应用于各行各业。

白蚁：建“通天塔”的能手

在非洲原野上有许多形状各异的土堡，这些是我们的杰作。你可知道我们的身材只有火柴头大小，可建造出来的土堡高达几米，动用的土方量有几十吨。按照人类的比例来折算，这几米的土堡就相当于人类筑起了几千米高的“通天塔”。这么伟大的工程，连人类也望尘莫及。

壮观的“蚁塔”

在非洲和澳大利亚炎热、干旱的草原上，常常可以看到一座座“蚁塔”拔地而起。这些“蚁塔”是白蚁为自己建造的蚁巢。由于白蚁的种类不同，建造的“蚁塔”的形状也各异，有的是柱形，有的是圆锥形，还有的是金字塔形。“蚁塔”一般有2～3米高，最高可达7米，占地100平方米。

“蚁塔”是用泥土堆积而成的，白蚁在建“塔”时，在泥土中混合上自己的分泌物和排泄物，使泥土干燥后变得坚硬而牢固。“塔”内的结构相当复杂，通常由一个主巢和3~5个副巢组成。巢内又分成许多小室，在主巢的中部，有蚁王和蚁后居住的“王室”，还有育儿室、仓库等，各室之间有通道相连。

白蚁体软，只适宜生活在黑暗

▲白蚁是生物链的最底层，它们可分解腐木，是少数可分解纤维素的动物之一，使纤维素变成养料回归土壤，在生态循环中位居重要一环。

与潮湿的环境中，它们一旦暴露在阳光下，温度过高、过热时，很快就会干瘪死亡。因此每一蚁群都必须有一个结构精巧、坚固耐用、通风潮湿的蚁巢。这就到了考验一流建筑师高超技艺的时刻了，为了保持蚁巢的高湿度，它们挖掘隧道，取地下水来润湿巢穴；为了维持蚁冢的常温，它们架起高耸的通风管，利用空气对流来克服这个难题。

它们在“塔”里修建了一些垂直式空气调节管道：“塔”顶有一个较粗的通气孔，然后分成许多细孔道，呈辐射状向下延伸，到了“塔”的下部，又合并成粗孔道，直通地下室。这种巧妙的通风“设备”，大大增强了“塔”内的空气流通，不但可以保证氧气的供应，而且还可起到降温的作用。此外，“塔”内还有许多弯弯曲曲的隧道，可长达数百米。更令人惊奇的是，“蚁塔”还有一层坚硬的外壳，即使是用斧子使劲砍，也很难在上面留下痕迹，因而更不怕风吹雨淋了。因此，白蚁被称为是“建筑界当之无愧的大师”。

向白蚁取经

在津巴布韦的哈拉雷，矗立着一座体型庞大的办公及购物建筑——约堡东门购物中心。该购物中心并没有安装空调，但是它凉爽宜人，它所消耗的能量只是与它同等规模的常规建筑的十分之一。

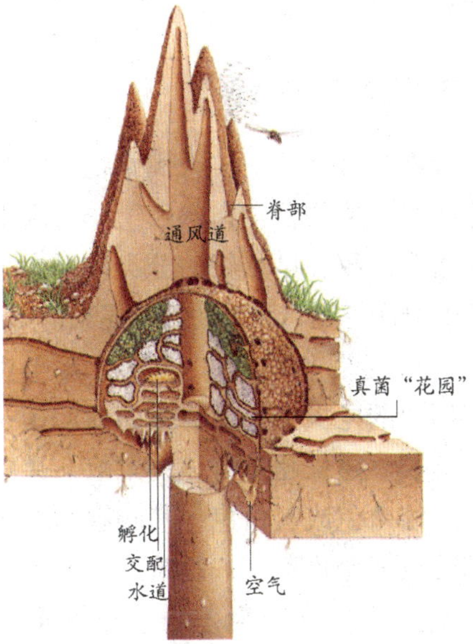

▲白蚁蚁穴内部结构图

它的设计灵感来源于非洲的白蚁，这些小生物们能够在它们的“蚁塔”巢穴中维持一个恒定的温度。它们经常开启和关闭自己“蚁塔”巢穴中的气口，使得巢穴内外的空气得以对流——冷空气从底部的气口流入塔楼，与此同时热空气从顶部的烟囱流出。这一发现被建筑大师麦克·皮尔斯应用到了建筑领域中，以期能够在一个闭合的空间里不用相关设备控制温度，可谓是高效节能的典范。

这项仿生科技的应用，不仅节能增效，有利于环境保护，而且省下的空调设备成本造福了该建筑的租赁者，他们所付出的租金比周边建筑的租赁者要少20%。

白蚁与蚂蚁的区别

在日常生活中，人们常把白蚁当作蚂蚁，或俗称“白蚂蚁”。实际上白蚁和蚂蚁在昆虫纲的分类体系中，它们分属等翅目和膜翅目的昆虫。

白蚁是一种有二亿五千万年生存历史的昆虫；有翅成虫的前后翅几乎等长，翅长超过身体；工蚁、兵蚁大多淡白色或灰白色，其胸腹间交接部分宽度变化不大，眼睛退化畏光，行动隐蔽；食料为木质纤维素类物质，不贮粮；属不完全变态类昆虫。而蚂蚁仅有六千万年生存历史，其有翅成虫的前翅大于后翅；多为黄色、褐色、黑色或橘红色，其胸腹间有明显细腰节，不怕光，多在露天场所活动；以肉食性或杂食性为主，有贮粮习惯；属完全变态类昆虫。

从昆虫的进化史来说，白蚁是一种比较古老而原始的昆虫类，与蟑螂的关系相接近，算得上是昆虫界的老祖先之一，而蚂蚁则与蜜蜂的关系较为接近。两者之间从形态、进化、食性等方面都相差甚远。而与人类的生存年代相比，白蚁更堪为群落生活最古老的缔造者，称为营群落生活的鼻祖。

三棘刺鱼："水下建筑大师"

我们家族里的男性成员成年后，只需找个舒适的地方就可以自建房屋。"新房"建好后，就考虑找媳妇了。姑娘前来看房，满意的话就很痛快地进了家门；如果还犹犹豫豫地拿不准主意，我们也没什么绅士风度，亮起背上的硬刺就把姑娘吓唬进了家门。虽说对媳妇有些恶霸的作风，但对儿女，我们绝对是好爸爸。

亲力亲为的"建筑大师"

在鱼类中有名的"建筑师"要算是三棘刺鱼了。每当它们将成婚立家时，事先要设计、施工、建造一座既坚固又漂亮的"新房"。房子的地基一般选在水草间或岩石地带的池洼间，要求水的深浅合适，并经常有水流动。

当产卵期临近时，大群的三棘刺鱼便从深水游向浅水。这时的雄刺鱼体色发生了显著的变化：由平时的青灰色逐渐变成了艳红色。雄鱼离开鱼群，各自选择合适的领地，营建新房。筑巢时，雄鱼先在海底的泥沙里用嘴挖一个浅槽，然后收集各种海藻丝、水生植物的叶子、根和其他植物碎片，堆积在槽沟的上方，这个收集过程大概需要两个星期。

▲ 三棘刺鱼

接着雄鱼缓慢地游过松散的叶堆，

御敌的独门武器

三棘刺鱼是生活在海洋中的一种小型硬骨鱼，因脊背上有三根御敌的棘刺而得名。三棘刺鱼的三根刺可是它御敌的杀手锏，在争夺“新娘”的时候，要与其他三棘刺鱼进行一场殊死的搏斗，它们用身上的刺做武器来攻击对方，战败者被刺得遍体鳞伤，只好仓皇逃命，胜利者便可与雌鱼结为“夫妻”。婚后不久，等到三棘刺鱼的幼鱼宝宝孵化出来后，别的鱼若想打它们的主意，偶尔有胆大的鱼去吃三棘刺鱼的幼鱼，那贪吃者只能是自找苦吃，会被三棘刺鱼伸展开的三根刺无情地刺入口腔内。

同时分泌出一种黏性物质，把各种碎片胶结在一起，再用嘴巴咬来咬去，直到咬出窝的形状。为了加固，它又用身上的黏液在房子的内外上下四面八方涂抹、摩擦、修饰，使表面整齐、光滑，好似刷了层清漆。建成的房子，中间空心，略带椭圆形，有两个孔道，一个出口一个进口。这才算大功告成，这时雄鱼会在四周游来游去，美滋滋地欣赏自己的杰作。

“新房”可变“育儿房”

三棘刺鱼不愧为建筑大师，它们建造“新房”时考虑得很周全，它们将“家”建得既适合做“洞房”，也适合做成给鱼宝宝的“育儿房”。

这位未来的“新郎”建成“新房”后，就开始寻找未来的“新娘”入住了，它们跳着“之”字形的舞蹈，把雌鱼引到自己精心建造的新房旁征求“新娘”的意见，如果雌鱼满意，便双双进入“洞房”；如果“新娘”羞羞答答故作姿态不肯进房，“新郎”便不高兴地竖起背上的硬刺逼着“新娘”进去。雌鱼入巢产卵后，从第二个门口游出，雄鱼从第一个门口游进去给卵授精。

最后，雄鱼单独待在“新房”里，接下来“新房”就变成“育儿房”了，雄鱼精心照料自己的后代，并把所有的竞争者、雌鱼以及任何靠得太近的动物统统驱逐远离。雄鱼停歇在入口的前面，用胸鳍把新鲜的水扇进“育儿房”去。如遇“育儿房”内缺氧，它会在“育儿房”的壁上开个孔，保证可通过足够的氧；如遇“育儿房”有损坏，它就立刻进行修补。约一周后，幼鱼孵出，离开“育儿房”，形成密集的小鱼群，在鱼“爸爸”的看护下，到“育儿房”附近活动。如果小鱼掉了队，鱼“爸爸”就会把它含在口里送回鱼群。几周后，小三棘刺鱼便离开鱼“爸爸”独自去生活了。

缝叶莺：最优秀的“裁缝”

我们不像别的鸟儿利用树枝、藤条等来做窝，我们直接在大大的枝叶上给自己“缝”个育儿室。你没听错，我说的就是“缝”，我们家族里的女同胞个个都是穿针引线的高手。你肯定会很好奇我们的“针”“线”在哪里？很简单，一切都就地取材。“针”就是我们尖尖的小嘴，而“线”呢就是蜘蛛丝和植物的纤维。

用“针线”缝制窝

在充满无限神奇的自然界中，许多动物可谓是“能工巧匠”，其高超的技艺竟会让人类叹为观止。在我们身处的亚洲就有一种异常灵巧的鸟，它筑巢的技术简直令人难以置信，因为它的巢是用“针”和“线”做成的，这就是被誉为“裁缝专家”的缝叶莺。

它们的窝不是安置在树枝之上，而是挂在树枝上的，这是怎么回事呢？原来它们的窝是利用大树上几片下垂的叶子做的。每年夏季是做窝的季节，缝叶莺就会选择一两片芭蕉、香蕉、野牡丹或者野葡萄的叶片，利用植物纤维、蜘蛛丝等作为缝线，把自己的尖嘴当作缝针，加上脚爪的配合，将树叶的两缘缝合起来。缝叶莺选在距叶缘1～2厘米的地方，用细长的嘴打出一些小孔，然后再

▲ 缝叶莺

▲缝叶莺的喙细长而微微弯曲，两脚瘦长而强劲有力，这对它们“缝制”窝大有帮助。

穿上线。为了不使缝线松脱，缝叶莺甚至还会给线头打上结。缝好了一边，再缝另一边，最后缝制成一个口袋型的巢，它们还会在缝好的叶口袋上留下一段不缝死，作为自己的出入口。鸟巢缝好以后，缝叶莺就在树林中飞来飞去，四处寻找枯草、羽毛和植物纤维，衔回来垫在窝里，做成一个温暖而舒适的“安乐窝”。

被缝成口袋的树叶的叶柄，往往会因枯老而折断。缝叶莺就用草茎把叶柄系在树枝上，以免鸟巢被风吹落。人们对这种奇特的鸟非常感兴趣，有人曾经把它们的窝取下来观察过，发现那窝缝织得非常细密整齐，不愧为动物界的缝纫能手，就连人类也自叹不如呢。

缝个摇篮做亲娘

“红帽顶，绿衣裳，嘴儿尖，尾儿长。寻张大叶筒筒，衔条蛛丝细又长。嘴当针，丝当线，缝个摇篮做亲娘……”这是赞美缝叶莺的山歌，一首山歌将缝叶莺的形态、筑巢习性都概括出来了。缝叶莺编织巢的时节，就是它们发情的日子。雌鸟受精后，就立即开始在叶子上编织巢了，为产卵和孵化作着准备。一般来说，缝叶莺中筑巢的是雌鸟。每一只雌鸟在筑巢的时候，总是任劳任怨、兢兢业业。巢筑好后，雌鸟便开始产卵，之后便是辛苦的孵化。

河狸："筑坝工程师"

说到大型建筑，没有什么能与大坝相比，而在自然界中，有一种动物生来就是建造大坝的天才。你知道是谁吗？没错，就是我们河狸。说起来，我们的建造手艺已流传500万年了，我们建的大坝有的高达300多米，其坚固程度足以抵挡一辆小汽车。

经验丰富的"建筑师"

河狸是富有经验的"建筑师"。为了防御狼、山猫、狐狸等天敌，河狸都把房屋建在水中。河狸造的房屋很精巧，圆圆的房顶，从远处望去像是一个炭窑，坚厚的墙壁外面涂着黏土，里面是干燥宽敞的卧室，有两个大门，一旦有水獭等动物闯入，它们便可以从后门逃跑。

河狸在水位变化不明显的大河岸边，挖掘向上倾斜的隧道进入河岸，并将其扩大成一个直径1米、高约半米的地下巢室。每个巢室往往都有两条或更多的进出隧道，入口都在水下。巢室的最上面是河狸的"卧室"，靠近水边部分则作为"餐厅"，以便于爱清洁的它们把吃剩的食物残渣扔到

▼河狸堤坝示意图

▲河狸夫妇

河里，也便于排便。将巢室建成后河狸并没有就此高枕无忧了，对于水位高低的变化，它们可是有应急措施的，如果河水水位上升，河狸就会把“房”顶的泥土啃下来垫高“地板”。若顶棚太薄，就会再在上面堆些泥土或细枝。如果水位继续上升，就干脆在顶部用木枝建造一个小屋住在里面。

河狸的筑巢能力不仅限于大河岸边，若是在四面环水的环境中，河狸会在水底堆起树杈、细树枝和树皮等，建成高出水面两三米的水中小岛，这种小岛也有进出的通道和“起居室”，入口都是在水面以下，河狸还会细心地用软泥和胶泥把巢壁的缝隙细心地堵上，但别担心，这丝毫不会影响它做好巢室的通风。

河狸的绝妙工程

河狸还是建造拦水坝和调节坝内水位的“水利工程专家”。河狸建成精巧的巢室可不是一件容易的事，既要有一定的水位，还不能让水把房屋冲走，因此它们必须先筑堤坝将水流截住，堤坝把河水截住从而使坝内变成浅滩，然后再在堤坝内造房。

河狸先选择好方向，然后成群合作，利用自己的利齿伐木，并用前肢把树木推向选好方位的河中，然后切断枝干，用灵巧的前肢把枝干垂直插入河底，作为木桩，再把更重的粗枝压在上面，同时从下游用叉棍顶住。

河狸筑成的大坝，坝基打得很宽，再在坝顶用大石头加固。缝隙用细枝、芦苇、杂草等混以胶泥堵严实，使大坝毫不漏水。坝顶中央比两侧高，这样能使过多的水从坝的两侧漫过，这真是绝妙的工程。拦河坝的建成，使上游浅水变成了一个平静的湖泊，深度足以让河狸在此游泳、潜水，于是河狸就在这里安家立业。

能力突出的“运动健将”

独角仙："大力神"

别看我们个子小，力气可不小呢，在举重界我们是出了名的"大力神"。说我们吹牛？好吧，懒得跟你犟嘴，以事实说话。在生物界，能举起自身体重四分之一的重物的非洲象在我们眼里都是个手下败将。我们能举起超过体重850倍的重物。除了玩举重，我们还喜欢摔跤。摔跤是我们显现男子汉气度的最好方式。为了赢得美人心，我们往往要与对手比试一番，看谁先把对方摔下地面。输了的一方，会愿赌服输，灰溜溜地跑开。

"甲虫之王"

独角仙是一种大型甲壳虫，它因长着雄壮有力的一只独角而著称，因其角的顶端分叉，在中国又被命名为双叉犀金龟，俗称独角仙。拥有大角的独角仙以力气大而闻名，有"甲虫之王"的美誉。独角仙是一种益虫，因为它的幼虫生活在软软的腐烂木头或泥土中，当它在找寻食品时，顺便就把泥土翻松了。

就举重能力和牵引力来说，非洲象可谓动物世界的"火车头"，非洲象那上百块肌肉组成的鼻子一次能卷起270千克的重物，并举到空中。不过就自身重量和所举物体之比而言，大象的举重能力还称不上第一。史密森学会国家动物园的研究人员发现，独角仙尽管只有20克重，但它却能举起相当于自身重量850倍的物体，也就是17千克的东西。相比之下，大象只能举起自身重量1/4的物体。可见，独角仙稳坐举重界的第一把交椅。科学家认为，独角仙之所以进化出这么强大的举重能力，是为了在树木丛生的热带环境中犁耕出一个适合自己生存的居住地。

雄独角仙还热衷于摔跤。它们的

▼独角仙

大角不仅能够举重，还能够在摔跤时打倒对手。它们争斗通常是为了抢夺食物、地盘，吸引雌独角仙注意。它在摔跤时主要是利用角尖攻击对方，或是把敌人夹住再高举起来，摔得远远的。它们摔跤的规则是摔在地上就算输了，输的便自动离开。但是你知道翻倒在地的独角仙是如何爬起来的吗？它们翻过来的姿势很有趣，它们先用后脚把身体抬起来，再用头上的大角一顶、一推，身体就顺利地翻回来了。

甲虫机器人

雄性独角仙体长，如果加上前面的犄角最大可达到17厘米，它也是犀牛角昆虫家族中体形最大的一种，它们头部突出的独角并不是起到抵御作用，而是与同伴进行争斗。在全球许多地方，人们甚至利用独角仙之间的决斗来进行赌博。

独角仙强大的力气来源于它们独特的身体结构。美国昆虫学家解释说："它们与脊椎动物完全不同。脊椎动物是骨骼在内，肌肉在外，而独角仙则是肌肉在内，骨骼在外。因此，独角仙的构造非常像机器人。"

美国一项研究正致力于将这些甲壳虫打造成军用机器人。美国加州大学伯克利分校的科学家们已将电极和相应的无线电接收器植入一些大型的独角仙体内，使它们能够在飞行过程中时刻受到科学家们的遥控。由此一来，独角仙又有了高科技的新任务，这些生物机械化的独角仙将来可以用于执行战场侦察或搜救任务。

外骨骼

外骨骼是节肢动物外壳的俗称，因为坚硬犹如骨骼，因此得名。外骨骼除了能防止体内水分蒸发和保护内部构造外，还能与内壁所附着的肌肉共同完成各种运动，跟脊椎动物体内的骨骼有相似的作用，因此被叫作外骨骼。但节肢动物的外骨骼并不是由钙组成，它的主要成分是甲壳素（又名几丁质）。

蜂鸟："飞行专家"

个头小巧，喜欢采蜜，偶尔吃点小昆虫打打牙祭。这就是我们蜂鸟家族的特性，但不是唯一的特性。我们的飞行本领才是我们家族的真正族徽。我们可以空中悬停、突然转弯、急停急飞。连许多大型猛禽都不能奈何我们。

能倒飞悬停

蜂鸟是世界上最小的鸟类，最小的只有 5 厘米长，身体只比蜜蜂大一些，它的双翅展开仅3.5厘米，这对狭小的翅膀，能使它飞得又快又高。蜂鸟这么小，蜂鸟蛋更小，它大约只有一粒黄豆那么大。

▲ 为了提供悬停飞行需要的能量，一只蜂鸟每天消耗相当于体重一半的糖分。

雄鸟长得很漂亮，有一对大眼睛，披着一身色彩艳丽的羽毛，当它在花卉之间飞舞时，像是一只跳动着的小彩球，异常美丽。蜂鸟的嘴细长，像一根又细又长的管子，里面有一条同样细长的舌头，能灵活地伸缩。蜂鸟吃食的方式和大多数鸟类不一样，它将长长的鸟喙插入花朵里，吐出尖细的舌头来舔吸花蜜，样子和蜜蜂采蜜很像，所以它才会被叫作“蜂鸟”。

当然，蜂鸟偶尔也捕捉一些昆

虫，但那只是一种补充蛋白质的“零食”，它的“主食”始终就只是花蜜。有意思的是，蜂鸟把长嘴巴伸进花朵吮吸花蜜时，既让自己美美地饱餐了一顿，又额外地做了一件好事——帮助植物完成了传播花粉的过程。小蜂鸟看来很乐于为鲜花做好事，问题是它比蜜蜂要重得多，怎样才能在柔嫩的花朵上站稳，尽情地享受花蜜呢？其实，蜂鸟根本就不是“站”在花朵上吸花蜜的。

由于高超的飞行本领，蜂鸟在用嘴吸花蜜时，轻巧的身体根本就不用停留在花朵上，而是像直升机一样“停”在半空中，并且能自如地移前移后，这时，会看到它们身体两侧闪动着白色云烟状的光环，并发出特殊的嗡嗡声，这是蜂鸟在不停地拍打着它的双翅而产生的光环和声响。鸽子飞行时每秒钟扇动5～7次翅膀，而蜂鸟每秒钟扇动70次左右，难怪它能像静止一样地“停”在空中。

除此之外，蜂鸟还掌握了高难度的“倒退飞行”技术：它只要把尾巴向下一弯，两只翅膀朝一个方向扇动，就能头朝前、身体朝后地飞去。蜂鸟的这项飞行“绝技”，在鸟类中是绝无仅有的。

高速新陈代谢

蜂鸟快速扇动翅膀虽然奇特，但这样做非常消耗体力。所以别看蜂鸟个子小，胃口却很大，蜂鸟为了获取巨量的食物，它们每天必须采食数百朵花，吃进相当于它们体重两倍的食物，才能保证剧烈运动的需要。

▼ 蜂鸟完全在飞行中采蜜，这在鸟类中独一无二。

动物中有一个规律，即个头愈小，相对散热面积愈大。由于蜂鸟是世界上个头最小的鸟，因而，它就成了鸟类中散热最快，新陈代谢最强的种类，它们每分钟心跳达615次，大约相当于常人的7～8倍。因此，食物对蜂鸟来说是至关重要的。过去，人们一直认为，当食物缺乏时，蜂鸟要迁徙到食物丰富的地区去。直到20世纪50年代初期，鸟类学家皮尔森在安第斯山脉的一个岩洞里发现，蜂鸟在缺乏食物的季节里会休眠。休眠时，它的体温从38℃降到14℃。即使在食物充足的季节里，蜂鸟白天活跃在花丛中采食，到了夜晚它们的体温同样会降到14℃，进入休眠的状态，以降低对食物的需求，此时蜂鸟的心跳速率和呼吸频率都会变慢，这是蜂鸟对于大自然的一种绝妙适应能力。

▲在雏鸟发育的后期阶段，雌蜂鸟通过振翅产生气流来引发雏鸟的张嘴反应。

超微型无人机

科学家对于蜂鸟超一流的飞行能力非常感兴趣，尤其是靠快速扇动翅膀达到的空中悬停效果。美国航宇环境公司已经负责研发了“蜂鸟”超微型无人机，长度仅7厘米，重量只有10克，自身携带能量完全依靠两个翅膀的扇动获得推进力，可在空中盘旋并控制方向。

“蜂鸟”无人机可以每秒钟10米的速度向前飞行，可抗2.5米/秒的微风，室内室外均可操控，空中飞行噪声远比其他飞行器小。

航宇环境公司表示，“蜂鸟”超微型无人机将是航空科技的一个里程碑，它将利用仿生学原理，在微型飞行器的空气动力和能量转换效率、耐力和操作性方面作出贡献，将提高在城市环境下的军事侦查能力。

猎豹："短跑名将"

我们跟大多数猫科动物并不相像，头比较小，鼻子两边各有一条黑色条纹，如同两条泪痕。这两条黑纹有利于吸收阳光，使视野更加开阔。而且我们身材修长，腰细。爪子类似狗爪，不能像其他猫科动物一样把爪子完全收回肉垫里，只能收回一半。另外，我们食性挑剔，只吃自己捕捉到的猎物，不吃腐肉和其他动物施舍的残骨剩肉。这种风骨在动物界少有。

"短跑名将"，速度制胜

猎豹生存在危机四伏的非洲草原上，它们没有彪悍庞大的体格，所以必须靠速度取胜，但高速的追猎带来的后果是高度的能量损耗，一个猎豹如果连续追猎五次不成功，就有可能会被饿死，因为再没力气捕猎了。所以，它们要想生存，就得力求下手快、狠、准。

猎豹的身体呈流线型，全长2米以上，体重50千克左右，头小而圆，耳朵短，身材苗条，它的四肢细长健壮，尾巴粗长超过体长，浅黄色的毛有斑斑黑点，很秀气，外型远远胜过其他豹类——黑豹、云豹、金钱豹等。

猎豹是肉食动物中的"短跑冠军"，它的四肢坚强有力，具有强大的爆发力，尾巴能起到掌舵和调节身体平衡的作用。它的起跑速度特别快，百米冲刺的速度可达到30米/秒，是人类百米赛跑奥运纪录的3倍。它是最完美的奔跑机器，从静止加速到72千米/小时仅需2秒。在500 米距离内，几乎没有一种动物能逃得过猎豹的追击。更令人叹为观止的是，它能在时速32千米/小时的奔跑中瞬间停步，其制动能力让汽车制造工程师百思不得其解，如果汽车也能有猎豹一样的制动能力，许多车祸都不会发生。

▲一群年龄稍微大一点的年轻猎豹正在围捕一头逃跑的小黑斑羚。对于成年猎豹来说，要想取得捕猎的成功，必须发挥埋伏和突然加速奔跑的双重优势。尽管猎豹是陆地上跑得最快的动物，但是猎豹的耐力却非常有限，每次追逐奔跑还不到500米就不行了，在多数情况下，它们坚持不了30秒。因此，猎豹的捕猎大概有接近一半会以失败告终。

猎豹奔跑速度极快，所以其捕猎的成功率也是居肉食动物之最的。猎豹目光敏锐，常登上山岩或高树瞭望，不过它也是讲究策略的，往往采取埋伏与追击相结合的战术。捕猎时它四肢微曲，把头压得低低地蹑足潜行，猎物稍有惊动时，猎豹还会就地卧倒、屏息凝神，等猎物戒备松懈时又悄悄前行，直到距离在百米左右时，才以迅雷不及掩耳之势猛扑上去。它快速灵活，即使有的猎物逃跑时机灵地左晃右弯跑曲线，猎豹也能靠尾巴掌舵来调整方位，穷追不舍，甚至可以爬到树上，将猎物捕获。由于猎豹的各种高超本领，其捕食成功率高达70%，而非洲狮的捕猎成功率仅为30%左右。

▲一只猎豹正在一棵树上做嗅觉标记。一般来说，据有领地的雄猎豹常常在它领地范围内的显著地点撒尿做标记，以阻止其他雄猎豹前来侵犯；没有领地、到处游荡的雄猎豹是很少做这一类标记的。雌猎豹也做气味强烈的标记，其目的是吸引雄猎豹前来交配。一旦雄猎豹发现了这种标记，就会顺着这些标记很快地找到雌猎豹。

斑海豹：“潜水明星”

我们家族里的小宝贝出生时身上披着“白大褂”，这是一种保护色，但也有烦恼。就是下水时，能吸收大量的水，不利于小家伙在水中游泳。小家伙出生一段时间后，便有了资格穿“新衣裳”。这新衣裳皮毛短、粗、硬、光亮，还防水。当它们爬上岸时，水就顺着身体淌下来，不至于把自己冻成冰棍。

潜水能力优异

斑海豹一生的大部分时间是在海水中度过的，仅在生殖、哺乳、休息和换毛时才爬到岸上或者冰块上。登陆后只能依靠前肢和上体的蠕动，像一条大蠕虫一样匍匐爬行，步履艰难，跌跌撞撞，十分笨拙可笑，活动的范围也不大。在海岸上群栖时，它们的警惕性很高，就是在睡觉时也经常醒来观察四周的动静，如果发现敌情则迅速从岸边高地或礁石上滚入水中，逃之夭夭。

千万不要小瞧这个在陆地上憨憨笨笨的家伙，你知道吗，遇到危险时，它们总是想方设法地逃进水中，因为只要从陆地潜入水中，它们立刻变得机敏灵活，只留下在岸上叹气的天敌们。它们左右摆动前进，能以每小时27千米的速度在水面附近游动。它们潜水的本领更为高强，一般可以潜至100～300米左右的深水处，每天潜水多达30～40次，每次持续20分钟

▲斑海豹在水上产仔，抚养幼崽，当冰融化后，幼崽才开始进入水中生活。

▲斑海豹

以上，令鲸类、海豚等海洋兽类也望尘莫及。

斑海豹入水后能够如此灵活，和它们适宜水下环境的各器官是分不开的。斑海豹的眼睛能极好地适应水下环境，晶状体大而圆，水的折射率与其角膜折射率几乎相等，因此在水中，光波通过它的角膜时不会发生弯曲折射，就如同在空气中传播一样，能使水下影像聚焦后形成在视网膜上。因此在有月亮的晚上，它们甚至可以借助水下昏暗的弱光探测到400多米深处的运动物体，从而捕捉猎物。它们在水中的听力也很好，能准确地定位声源。更有趣的是，在潜水时，它的鼻孔和耳孔中的肌肉活动瓣膜是能够关闭的，以阻止海水进入耳、鼻。

胡须非常灵敏

斑海豹是北极最小型的海豹，也是北极熊最喜爱的美食之一。所以海豹要想生存，就得时刻躲避北极熊的追杀。一般来说，它会迅速潜入水中以躲避北极熊。

北极熊走起路来几乎没有声音，但对于斑海豹来说，却如同地震一般。北极熊每踩一步，脚下的冰都会应声破碎，声波经由海水传播，就被斑海豹监测到了。只要北极熊不停止移动，潜水的斑海豹就能准确知道它的位置。

这是由于斑海豹有着非常灵敏的探测仪——胡须。斑海豹的每根胡须根部都有一组“晶体”，能测出周围海水的微小振动，这些胡须比猫胡须敏感10倍。这些高灵敏度的胡须给斑海豹提供了潜水逃生的机会。在北极，捕食与躲避总是在不断地上演，多亏了斑海豹的胡须，斑海豹的潜水逃脱率高达95%。

取食有法的

“贪吃大王”

角蛙："能吃四方"

我们是青蛙家族里比较爱臭美的一类。喜欢穿花哨的衣裳，眼睛上方带个三角形的“护目镜”，这样能让我们看起来更拉风一些。不过，最让人类惊讶的还是我们的这张“能吃四方”的大嘴。它几乎占了我们身体的一半。为了填饱我们这张大嘴，只要会动的小东西，我们几乎都吃。有时连一些亲戚也不放过。所以人类说我们是真正的“饭桶”。

“蛙中魔鬼”

角蛙是栖息在南美洲的大型蛙类，共有7种，随着栖息环境和分布地点的差异，身体上的斑纹和色彩各有不同，体形最大可达15厘米左右。

角蛙身体肥硕，皮肤上生有美丽的色彩和斑纹，一般身上的图案呈铁蓝色或红色，有一张大嘴和两只突出的眼睛，眼睛上面有短粗的“角”。

虽然角蛙的皮肤色彩鲜艳，但为了捕食，它们一般都将身体埋在泥土中。它们习惯于静静地守候在一个固定的地方等待昆虫或其他小动物闯入自己的捕食范围，因此几乎很少看见它们四处移动或改变姿势。角蛙整天只是吃，一张大嘴占了将近身体的一半，这种构造可以说就是为了大量进食演化来的。相当贪吃的角蛙只要看见身形较小的动物经过，就会一跃而起，擒入口中。它们爱吃昆虫、小鸟，甚至还以同类为食，依仗自己庞大的体形和大嘴巴，一张嘴就可以吞进一只青蛙。不过它们对于不会动的食物，则一点都不感兴趣。

更特别的是，角蛙在幼蛙时期就表现出了残暴的天性——时常捕食其他蛙类的幼蛙。角蛙不仅外表凶悍，而且性情粗暴，具有强大的攻击性，所以被人们称为“蛙中魔鬼”。

蟒蛇："大嘴有福"

有句成语叫"人心不足，蛇吞象"。这是讽刺人们贪心的成语，但从我们蟒蛇这方面来讲，却觉得这是对我们极大的褒扬。虽然我们吞吃一头大象不大可能，但吞吃一头小野猪、小麂子还是比较容易的。这得感谢我们有一张下颌骨可以活动的大嘴，它能让我们的嘴张大到180度。我们的体型如此"庞大"，但性情温和。在印度的乡村，我们与从小饲养我们的主人相处融洽。还能帮助主人照看小孩，成为他们家的半个保姆。在非洲的某些地方，我们甚至有了正规的职业——帮助渡河的"船工"。

"吞食猎物之王"

蟒蛇无疑是蛇类中的王者，不同种类的蛇之间会互相吞食，无论哪种蛇，包括剧毒的眼镜蛇，都是成年蟒蛇的猎取对象，而其他蛇对成年蟒蛇则构不成危险。蟒蛇常以小鹿、小野猪、兔、松鼠和家禽等为食，胃口大，一次可吞食与自己体重相等或超过自己体重的动物，有时可吞下几十千克重的小牛。在捕捉较大的动物之时，蟒蛇会先用又长又粗的身子把猎物紧紧缠住，直到猎物窒息而死后再吞食。它们的消化力强，除猎获物的兽毛外，皆可消化，但饱食后可数月不食。也许人们会问，那么大体积的动物，蟒蛇是如何吞食的呢？

动物学家给出了答案，人的嘴只能张大到30°，而蛇嘴可以张大到130°，甚至180°。蛇嘴之所以能张得那么大，是因为它的下颌骨是活动的，其实蛇嘴的关节是用韧带连接的，可以自由伸缩。同时，蛇的肋骨也可以自由活动，所以从咽喉咽下的食物能不受阻拦地进入肚子。为了便于吞咽，它还分泌出大量唾液，

▲翡翠蟒在成年时是亮绿色，但新出生的幼蛇是黄色或红色的。树栖蟒蛇都用它们长长的可以缠卷的尾巴绕着树枝，待在树上。

作为输送食物的“润滑油”。

另外，蟒蛇的眼睛看似明亮有神，其实视力却很弱，是个十足的“近视眼”。原来，蟒蛇的双眼着生于头的两侧，能够达到的可调节视野重叠范围是极其有限的。所以，它们几乎连一米以外的物体都很难看见。贪吃的蟒蛇视力如此之差，又如何能够精准地捕捉到猎物呢？

不必担心，蟒蛇是不会饿着的，因为它们有“视力矫正器”，即温度感知器官。在蟒蛇的眼睛和鼻孔之间有能够感知温度变化的器官，这些器官能够让蟒蛇感知到其他动物发出的温度，从而准确无误地捕捉到猎物。在蟒蛇头的两侧各有一个温度感知器官，所以，蟒蛇不仅能够在广度上感知温度，还能在深度上感知温度，从而在完全漆黑的夜晚也能够精准地捕捉猎物，这种能力是相当致命的，只要动物散发出温度，就难以逃过蟒蛇的捕杀。

隐蔽色的启发

蟒蛇体表花纹非常美丽，对称排列成云豹状的大片花斑，斑边周围有黑色或白色斑点。体鳞光滑，背面呈浅黄、灰褐或棕褐色，体后部的斑块很不规则。蟒蛇身上的颜色与生活环境相一致，因此可以隐蔽自己的行动，出其不意地对猎物发起攻击。蟒蛇缠在树上时，好像一条大树根缠绕在大树上，很难引起小动物的注意，猎物总是自动送到嘴边。

蟒蛇用色彩来隐蔽自己的方法，给人类很大启发。在战争中，人们为了保护自己，消灭敌人，用与周围背景相融合的颜色来隐蔽战场上的军事装备和人员。他们把在草原、森林地带活动的坦克、大炮等涂上绿色；在沙漠地带活动的坦克、大炮等涂上褐色；空中的飞机涂上白云一样的颜色，在大海中活动的军舰涂上与海水一样的蓝白色，从而起到了迷彩伪装的作用。

貂熊：贪吃狡猾

我们有高超的捕食能力，但有时也偷个懒，比如观察乌鸦的活动规律，然后加以分析，找到动物的尸体，美美地饱餐一顿。我们性情孤僻，喜好独来独往。但当食物丰盛时，我们也不介意邻居们来我们家做客，共享美食；但若食物缺乏，那就别怪我们冷面无情，六亲不认了。

捕猎不择手段

貂熊既像貂又像熊，身体大小介于貂、熊两者之间，因此得名“貂熊”。貂熊是一种非常贪吃的动物，所以它的拉丁学名的原意就是“贪吃”。它喜欢吃各种东西，不仅包括马鹿、驯鹿、狍子、麝、小驼鹿、狐狸、水獭、松鸡、榛鸡、鼠类等大大小小的动物，也吃蘑菇、松子、各种浆果等植物性食物。

貂熊捕捉猎物，常用三大招数：

▲貂熊身体两侧有一淡黄白色横带，从肩部开始至尾基汇合，状似“月牙”，故有“月熊”之称。

第一是穷追。貂熊善奔跑，一旦发现雪兔、赤狐和松鼠等小不点动物，便穷追不舍，一纵一跳，奔跑如飞。即使遇到湖泊、河流，也能跳入其中，迅速游向对岸，继续追击。貂熊被誉为“飞熊”，即由此而来；貂熊善于爬树，动作极为迅速。每当夜幕降临，它就会爬上大树，或观察猎物，或等待时机。一旦时机成熟，它便纵身一跃，突袭已经酣睡的松鸡、黑琴鸡、林鸽等鸟类。突袭是貂熊的第二大高招。第三则为偷盗。貂熊虽然基本上勤劳勇敢，但也有好逸恶劳的一面，常常会干出一些“不道德”的偷盗事情。在夜间觅食时，当它发现牧民贮藏的食物后，便顺手牵羊，美餐一顿。有时貂熊竟钻进猎人的帐篷，偷走猎人的粮食、肉类和捕获的动物，甚至把猎人的衣服、被褥撕得粉碎，弄得猎人无可奈何。

貂熊异常狡猾，追捕猎物讲究战略战术。到了严寒的冬季，积雪很厚，又结上一层冰壳，脚宽体轻的貂熊，在雪地上奔跑如飞，而那些身体较重的有蹄动物，在雪地上却是走一步陷下一个坑，难以奔跑，所以貂熊会有意地将被猎物驱赶到积雪较深的地区，以便发挥自己的长处，使猎物用不了多长时间就被自己追得汗流浃背，气喘吁吁地趴在那里不能动弹，束手就擒。有时，它也不得不冒点风险，从比它体形大得多的食肉动物，

▲貂熊有坚硬的牙齿和有力的颌骨肌肉，不但可以用极大的力气咬死猎物，咀嚼冻得很硬的肉，也能咬开驯鹿的大腿骨而吃到骨髓。

例如狼、熊等的口中夺取食物。它还会辨认猞猁的足迹，能够沿着足迹进行尾随，从而夺取猞猁捕到的猎物。

“撒尿”大法

貂熊为了占领住自己的食物，创出了一套非常不文明的“撒尿”圈猎物大法。每当貂熊饥饿时，它就会用自己的尿在地上撒一个大圈，凡是被圈中的动物如中魔法，都不敢越出圈外，只能待在圈内一动不动，乖乖地等待貂熊来捕食。更为奇怪的是，这个“禁圈”似乎有一种魔力，圈外的豺狼、豹等野兽，也不敢擅自闯入圈内。因此这个“禁圈”，就具有了捕食与自卫的双重功能。另外，貂熊贪婪至极，即使吃剩下的食物也从不留给别的动物，而是将它那臊臭难闻的尿液撒在剩余食物的周围，使其他动物不敢前来窃取。

貂熊的“撒尿”大法除了可以保住食物之外，还能够御敌防身。貂熊的牙齿特别锋利，防御敌害的本领也很强，如果遇到体形与其相差无几的对手，就用尖爪利齿与之搏斗。如果对方的体形比它大得多，它就爬到大树上，或者在密林、草丛中奔跑躲藏。但倘若被对方逼得无路可逃的时候，它就使出自己最后一手的绝招——“撒尿”。对方闻到难闻的臭味，便会立即退却。有时，它干脆在尿液上打个滚，使臭味遍布全身，让对方无从下口。遇到这种情况，即使是训练有素的猎狗也会被熏得晕头转向，不得不打着喷嚏退避三舍，貂熊趁机逃之夭夭。

大熊猫：竹林食客

我们的本名叫猫熊，是说我们脸型跟猫一样圆胖，但体型又像熊。后来由于书写和认读习惯改变，被人们错念为“熊猫”。随后以讹传讹，就这样传开了。别看我们身体笨重，但行动灵活着呢。有时，我们在山上待久了，偶尔也会下山逛逛耍耍。村民家里的锅碗瓢盆就成了我们的玩具。谁让我们对圆形的东西没有抵制力呢。等我们玩够了，就扔一边不管了。如果村民家里养着羊或猪，我们也愿意同它们交朋友，与它们一起玩玩。

爱吃竹子

大熊猫是我国特有的动物，估计现在只剩下1000只左右，已经被列入世界濒危物种名单。大熊猫具有漂亮的皮毛，模样憨态可掬，非常受世界各国人民的喜爱。

大熊猫食物成分的99%是高山深谷中生长的竹类植物，几乎包括了在高山地区可以找到的各种竹子，它们喜欢吃竹子最有营养、含纤维素最少的部分，即嫩茎、嫩芽和竹笋。大熊猫独特的“口味”使它们被当地人称作“竹熊”。除了睡眠或短距离活动，大熊猫每天取食的时间长达14个小时。一只大熊猫每天需进食12～38千克食物，接近其体重的40%。

大熊猫吃竹子很“挑剔”，一般来说，每年春天刚到来时，因为竹叶营养成分差，大熊猫多喜欢吃竹竿。到4月份竹笋出来后，就开始吃竹笋。6月份前后，新鲜的竹叶长出来后，营养价值高，口感也好，大熊猫又喜欢吃竹叶。等到8月底9月初，秋笋出来后，大熊猫们又会偏爱秋笋。总之，大熊猫最喜爱的是竹笋，由于竹笋幼嫩多汁，适口性好，易消化吸收，是大熊猫的美味佳肴。每年从春到秋，为了吃到不同海拔高度不同种的竹子竹笋，大熊猫的觅食从中山到高山迁徙，这叫“赶笋”。由于大熊猫的食谱如此特殊，所以大熊猫栖息地通常有至少两种竹子，当一种竹子开花死亡时（竹子每30～120年会周期性地开花死亡），大熊猫可以转而取食其他的竹子。

熊猫那像人类一样的大拇指能帮助抓握竹竿，强而有力的双腭及后方扁平的臼齿能让它们咬碎竹子坚韧难嚼的纤维，胃中一层厚厚的黏膜能防止它们的胃被竹子尖锐的碎片划伤，但熊猫没有像其他草食动物一样的梳子般的尖牙，胃中也没有草食动物该有的“纤维消化细菌”来帮助消化和吸收植物中的纤维和养分，且竹子十分粗糙，养分少之又少，熊猫每天要取食大量的竹子，并咀嚼上千次才能摄取足够的营养。但由于熊猫十分挑食，再加上近年来竹林的开发，让熊猫无法找到足够的竹子，使得它们的

▲大熊猫体型肥硕似熊，憨态可掬，但头圆尾短。头部和身体毛色绝大多数为黑白相间，即鼻吻端、眼圈（呈“八”字排列）、两耳、四肢及肩胛部（横过肩部相连成环带）为黑色，其余即头颈部、躯干和尾为白色。

生存处境岌岌可危。

本来食肉

在野外生活的大熊猫，偶尔也采食其他植物，如玉米、野当归、幼杉树皮等数十种植物。当食物缺乏时，它们会一反常态，捡食动物尸体，或捕捉较小的动物为食。通过大熊猫的粪便就可以发现，它们既会在田地里和人类的剩饭中找东西吃，偶尔也会吃小动物，比如竹鼠。为了咀嚼很硬的竹子，熊猫就需要有结实的牙齿和下腭，熊猫的这种生理结构也很适合吃小动物。

其实，大熊猫的祖先是名副其实的肉食动物：它们有尖锐发达的犬齿、较短的肠道和肉食动物的消化生理特点。大熊猫在进化过程中仍保留了祖先的这些特点。只是由于生存环境发生了很大改变，它们为了生存，食性和习性必须适应环境。

但大熊猫为什么选择食竹这种生活方式，至今令人费解。从生态学角度看，大熊猫依靠最广泛、稳定分布于北温带、营养低劣却贮量丰富的食物存活至今，使人们觉得它们是进化历程中的一个久经考验的胜利者，但它们却失去了竞争感和好奇心，从而循规蹈矩，把自己维系于前途暗淡的命运之中。熊猫特化以竹子为食，为了生存，它们采取尽可能减少活动范围和活动量，多休息以节能的特殊活动方式。渐渐地，它们退居深山竹林，适应了低营养、低消化率的竹类，过着与世无争的隐士生活。于是，现代的大熊猫就变成了吃素的“肉食动物”。

▲竹子几乎是大熊猫全部的食物来源，新生的竹叶和嫩芽营养丰富而且纤维素含量最低，非常有利于消化。

养生有道的“长寿明星”

砗磲："出身名门"

在中国，我们被视为宝物。有一则故事讲述了我们的名贵。周文王被商纣王囚禁，散宜生用砗磲大贝敬献纣王，最终将文王赎回。在西方，砗磲、珍珠、珊瑚、琥珀并称为四大有机宝石。除了观赏价值之外，我们也具有实用价值。我们坚硬的大外壳可以用来当小孩子的浴盆或者猪的食用槽。据说在非洲的某个地方，当地人用我们砗磲当作食物的防腐保温箱。这个功能也让我们自己开了眼。

破解长寿秘密

砗磲又名车渠，生活在印度洋、西太平洋海域，是蛰居在海底热带珊瑚礁上的一种大型介壳软体动物。因其外壳上有几条深而开阔的沟纹，如同纹路鲜明的车轮碾过泥泞路面后留下的车辙，因而被科学家形象地取名为"车渠"。

砗磲不仅是双壳贝类之王，而且也是贝类中的老寿星。砗磲的外壳面很粗糙，具有隆起的放射肋纹和肋间沟，它壳上的纹理越多越深刻，就表明它的年岁越长。据估计，50厘米的个体需要12年时间才能长成，每年约增长5厘米。它年幼时生长快，以后逐渐减慢，生命周期可达80～100年，甚至活到数百年。19世纪末，科学家曾在澳大利亚的大堡礁，发现生活了近两个世纪的老砗磲。

砗磲能够成为老寿星是有着自己的秘诀的，砗磲和其他双壳贝类一样，靠通过流经体内的海水把食料带进来。但砗磲不光靠这种方式摄食，它们还同一种单细胞藻类——虫黄藻共生。动物学家都知道虫黄藻是一种与珊瑚虫共生的单细胞植物，正是它通过和珊瑚的共生，从而创造出了恢

▲砗磲

用。“美味”的繁殖速度快，数量巨大，砗磲几乎不用担心饿肚子。

另外，砗磲壳顶前方有一宽大的孔，从孔内伸出坚硬的足丝，使它固着在珊瑚礁上。这样，它们的成体就不能移动位置，常常因为珊瑚的生长而将自己半埋在

宏庞大的珊瑚礁群。直到20世纪末，海洋学家们才意外发现，虫黄藻更为依赖的，其实是砗磲。它们依附在砗磲的外套膜边缘表面求生存，每平方毫米上有高达一万只虫黄藻。为什么会有这么多的虫黄藻依附于砗磲的身上呢?

海洋生物学家仔细观察砗磲的生活行为，并采集其体内的虫黄藻化验发现：虫黄藻必须借助光合作用生育，而砗磲的外套膜边缘恰好长有特殊的“透光器”，它能聚散光线，并把光线播散到外套膜组织的深层，从而扩大虫黄藻的优良繁殖区域。砗磲可不是那么大公无私的，这其实是一个“双赢”的过程：虫黄藻借助砗磲外套膜提供的空间、光线和代谢产物中的磷、氮和二氧化碳进行繁殖，而砗磲则把虫黄藻当成了现成的美味享

珊瑚中。也有的砗磲是在珊瑚礁上穿孔穴居的，它们利用坚硬的足丝做支点，用贝壳把珊瑚磨穿成洞，栖息其中，仅把腹面部分露在珊瑚礁的表面。因此要想采到它，非用斧头和凿子先把周围的珊瑚敲掉不可。

“寿星老”脾气大

别看“老寿星”砗磲是一种软体动物，但它的威力可不小。砗磲身体外面盖着两瓣贝壳，平常很少打开，砗磲总是躲在贝壳里静静地栖息在海底。一种巨砗磲的贝壳直径有1.5米，体重300千克。别看砗磲纹丝不动地趴在海底，像一枚海底大贝壳，但千万别招惹它们，寿星老脾气很大。

一旦有外来的骚扰，它便会施展威力，闭合两瓣贝壳，而且无论如何都不松口。砗磲闭合贝壳时，产生

▲ 砗渠宽大的外套膜为它们获取更多的食料提供了特定的基础。

的力量相当大。如果把一条铁棍插进砗磲的贝壳内，铁棍竟然会被闭合起来的贝壳轧弯。对捕获的砗磲尤其要小心，假如不小心手臂被砗磲的贝壳“咬”住，就有丧失手臂的危险。据说，有一条船在靠岸落下船锚时，锚索落入砗磲张开的两瓣贝壳之间，砗磲于是毫不客气地就轧断了锚索。

砗磲为什么会如此有劲？它的威力来源于它那300千克的体重。在整个体重中，砗磲的内脏只占很少的重量，其余的是具有极强收缩力量的肌肉。拿一个活河蚌来做个比较，想要打开河蚌那紧闭的贝壳，那是一件极费劲的事。一个小小的河蚌都可以产生那么大的力量，那么对于具有300千克体重的砗磲来说，能轧断锚索就不算是怪事了。

娃娃鱼：长寿有道

我们因为叫声似婴孩而得了一个这样的名字。其实，我们并不是鱼类，而是两栖类动物。别看我们长得丑，还穿着一身岩石色的外套，好像一个极普通的物种，其实，我们名气大着呢，我们的历史可以追溯到3.5亿年前，因此有“活化石”之称。我们家族的成员寿命是两栖类中最长的。我们总结了一下长寿的原因，可以归为下面3个：一是我们生活懒散，不怎么运动。二是我们节育，12年才生养一次。三是我们节食，吃得少。

越懒越长寿

我国西南地区深山溪流中，娃娃鱼较多。它的头和躯干扁平，口大眼小，活像一尾四脚鲶鱼。古书记载此鱼的叫声似婴儿啼哭，因此便有“娃娃鱼”之称。其实，娃娃鱼不属于鱼类，它的叫声要细究起来也不像小儿哭声，而更像母鸡唱歌。

娃娃鱼的生物学名叫大鲵，其生长缓慢，据研究，野生娃娃鱼长到80厘米需经过20年。但是娃娃鱼的寿命在两栖动物中是最长的，在人工饲养的条件下，能活130年之久，它们的平均寿命可达69岁。研究人员认为，娃娃鱼非同寻常的长寿可能归功于其懒惰的生活方式。这种动物只在居住地附近活动，而且每12年才繁殖一次。

娃娃鱼习惯生活在山区水质清澈而湍急的溪流处，一般隐居在山溪的石隙或洞穴中，所以眼睛小，不发达，怕光线照射。它在洞中时常是头向外，尾朝里，这种姿态有利于及时发现食物和敌害。因为怕光，娃娃鱼白天多懒洋洋地躲在舒适的“家”中睡大觉，夜幕降临时才慢吞吞地出去寻食。

它在陆地上的爬行非常缓慢和迟

钝，但在水中的灵巧敏捷可同鱼类媲美，而且自有懒招，它们停留在小溪中，张开那张几乎可把自己头部一劈为二的大口做“渔网”，等待食物自投罗网。它的身躯虽然不小，但每只的食量却不大。只需200~300克食物，而且不必每天吃。在食物缺乏时，它可以几天或更长的时间不进食。但娃娃鱼有一个毛病——同类相残，一旦食兴大发，而又找不到食物时，个大体壮的便会吞食个小体弱的。

▲现今存活的最大的鲵——中国大鲵是19世纪法国传教士和自然学家阿曼德·大卫命名的。它生活在清澈湍急的山间溪流中，那里氧气充足，其高度褶皱的皮肤可以帮助它在没有鳃的情况下自由呼吸。

捕食逃生都有一套

娃娃鱼是世界上最大的两栖动物，一般长60~70厘米，最大的可达2米。与蛙同类。幼体生活在水里，用鳃呼吸；长大后用肺呼吸，同时爬上陆地捕食。娃娃鱼以小鱼、蚯蚓、蛇、蛙为食，可算得上是两栖类中最凶猛的了。它捕食时十分敏捷，比如前面有一只蛙，就慢慢向猎物靠拢，到一定距离时则猛扑过去，在对方尚未发觉时就已将其吞入腹中。

娃娃鱼在捕食时还会自得其乐。它瞅准水底石缝中有石蟹在活动，便横卧在石块上，探明蟹穴的所在处，然后就将自己那条又长又扁的尾巴，伸入石缝深处，轻轻摇摆。娃娃鱼的尾巴有一种奇特的功能，可以随时分泌出一种滑滑的、含有特殊腥味的黏液，这对石蟹有极其强烈的诱惑力。石蟹嗅到那股腥味，再接触到那条光滑柔软的尾巴尖，以为是一块送到嘴边的美味佳肴，忙不迭地举起两只大螯，牢牢钳住不放。这时，在石缝外“垂钓”已久的“钓翁”娃娃鱼，发觉食物上钩了，马上忍痛从石缝中猛抽出尾巴，同时极其迅速地扭身一口，就听得“咔嚓”一声，娃娃鱼便将拽在尾巴尖的石蟹活吞下肚。

娃娃鱼爬上陆地时，往往容易成为兽类的猎物。不过它也有一套自卫逃生的本领。它那血盆大口和粗壮的四肢，能给对方造成威胁。如果遇上强敌，它就把胃里的食物吐出来，引诱对方抢食，自己乘机逃跑。如果被强敌咬住，它就从颈部的毛孔里，马上排出一种黏性很强的白汁，涂满全身，弄得对方口舌黏黏糊糊，有的捕食者还会因此而嘴巴肿了起来，十分难受，只好悻悻而去。

龟："长寿冠军"

生命不只在于运动，也在于静止。我们龟家族的长寿秘诀就是静养。静养可以使得我们体内的能量最小化散失。比如，生活在新疆伊犁的四爪陆龟，它不只冬眠，夏季植物稀少的时候也夏眠。一年中光睡觉就占去了7个月。再一个就是要吃素。你看我们家族里以植物为生的龟就比喜欢吃肉的龟活得更久。

低耗能促长寿

在所有的动物中，最长寿的是龟。曾经有过一只被人类捕获后仍活了152年的龟。它是在印度洋的岛屿上被捉到，并在1918年因事故死亡的亚达伯拉象龟。捕捉到它的时候它有多大没人知道，但是听说死的时候大约200岁。

动物学家还发现以植物为生的龟类的寿命，一般要比吃肉和杂食的龟类的寿命长。譬如，生活在太平洋和印度洋热带岛屿上的家龟，以青草、野果和仙人掌为食，寿命特别长，可活300岁。

是什么原因让这种貌不惊人的动物拥有这么长的寿命呢？根据动物学家和养龟专家的观察和研究，龟有与众不同的身体结构和生理机能。乌龟不具有锋利的牙齿和爪子，本身的行动也非常缓慢，但是它们具有自己特定的自我保护方式。龟甲是它们最好的保护伞，一旦出现危险，乌龟马上就把自己的全身缩进硬壳里，敌人

▲ 一只雌性棒头龟在澳大利亚海岸附近的一个岛屿上寻找产卵场所。

▲因其背部盾甲上的斑点图案而得名的豹斑象龟是一种产自非洲南部和东部地区的大型龟。

无论从哪个方向下嘴咬这个硬壳也难以入口，最后只好放弃走开。等过一段时间危险解除之后，乌龟才慢条斯理地从硬壳中伸出四肢和头部继续之前的活动。同时，乌龟还有嗜睡的习性，一年要睡上10个月左右，既要冬眠又要夏眠，这样，新陈代谢就更为缓慢，能量消耗极少。

探索长寿原因

除了较低的能量消耗外，龟的细胞也具有较强的繁殖能力。在人和动物的细胞中，有一种关于细胞分裂的时钟，它限制了细胞繁殖的代次及其生存的年限。人的肺纤维细胞，在体外培养到50代时，就再难以往下延续了，而乌龟可以达到110代，这说明，龟细胞繁殖代数的多少，和龟的寿命长短有密切的关系。

此外，动物学家和医学家还检查了龟类的心脏机能，龟的心脏离体取出后，竟然能够自己跳动24小时之久，这说明龟的心脏机能强，这对龟的寿命同样起重要的作用。

另外，龟的长寿与它的呼吸方式也有关系。龟因没有肋间肌，所以呼吸时，必须用口腔下方一上一下的运动，才能将空气吸入口腔，并压送至肺部。还由于它在呼吸时，头、足一伸一缩，肺也就一张一吸，这种特殊的呼吸动作，也是龟得以长寿的原因。科学家们还认为，龟类是一种用来研究人类长寿的极好的动物模型。因此进一步揭开龟长寿的奥秘，对研究人类如何健康长寿将有很大的启示作用。

渡鸦：最会“斗智斗勇”的鸟儿

在鸟类界我们很高寿，这除了与我们食性广杂相关外，更重要的是我们懂得怎样不费事地从大型食肉动物嘴里抢到食物。虽说有点强盗的性质，但没有高智商可玩不转这么危险的行当。我们懒惰成性，眼睛不仅仅盯着食肉动物，也盯着我们的邻居。等它们飞离自己的储物仓库，这些美味就是我们的了。当然，贼做久了，我们也会患上“职业病”，看谁都是贼。那怎么办呢？为了以防万一，我们就得弄一假仓库，然后故意给同类看到，真正的仓库则藏在秘密的地方。这么苦心地斗智斗勇，你说我们容易嘛！

靠抢食维生

渡鸦和乌鸦是近亲，体格比乌鸦大，同归属鸦属。渡鸦的喙比乌鸦厚得多，羽衣更为蓬松，尤其是喉部的羽毛。渡鸦的羽毛洁净，还带有蓝色或紫色的光辉。

渡鸦很长寿，尤其是在笼子里或受保护的环境下，甚至有年龄超过40岁的渡鸦，即使在野外的也有10～15年的寿命。在弱肉强食的自然环境中，渡鸦能够长寿绝非偶然。

在野外生活时，渡鸦基本上要靠抢夺大型食肉动物嘴下的食物维生。无论是狼、熊，还是狐狸，看到自己辛辛苦苦杀死的猎物要被渡鸦偷走时，自然都很容易被激怒。只要被它

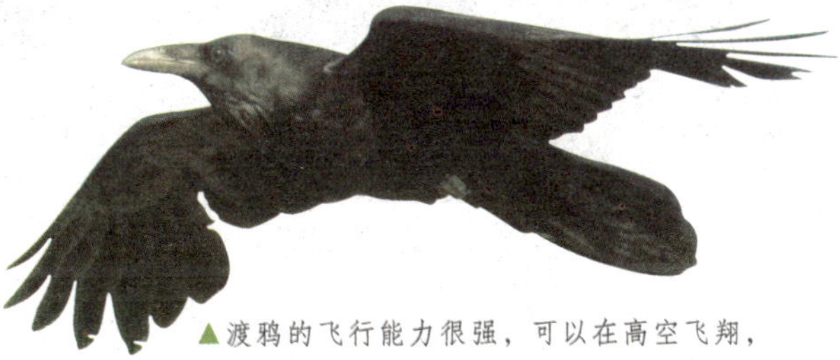

▲渡鸦的飞行能力很强，可以在高空飞翔，也可在空中做各种复杂的动作。

们随便咬上一口，渡鸦就完蛋了。因此，渡鸦需要学会判断，自己在何种情况下能采取什么行动，而这通常又需要考虑那些身形庞大的食肉动物的“想法”。在这种危险的情形下，任何事情都是不可预测的，一旦鲁莽行事很可能就会一命呜呼。

从小就学抢

渡鸦在羽翼尚未丰满时，它们就对几乎所有能啄到、抓到的东西都表现出极大的兴趣。最重要的是，它们在一种强大欲望的驱使下开始“骚扰”那些危险的食肉动物。虽然年幼的渡鸦非常害怕食肉动物，但还是积极参加这种“游戏”，这是它们的本能。年幼的渡鸦就已经试图反复靠近熊或狼的地盘，并从身后悄悄接近它们。通过与大型食肉动物“过招”，渡鸦慢慢学会判断哪些招数可能是致命的，同时学会预测被它们骚扰的动物一步能跳多远。

更有趣的是，渡鸦非常贪玩，在冬天，它们会抓住野猪的尾巴，让野猪拖着自己在雪地上跑，就像滑雪橇一样；同时它们也是一种非常狡猾的鸟，它们在骗人时非常有“创造性”。据说，渡鸦会在动物尸体边上装死，从而制造一种食物中毒的假象。渡鸦在适应自然环境的过程中，变成了一种高智商的鸟类，这也是它们能够活得长久的主要原因。

▼渡鸦

金刚鹦鹉：保命有奇招

漂亮外表，能说会道，是我们的优点，可是，这些优点却也害了我们。从前，我们生活在南美的热带雨林里，过着自由的生活，如今，我们只能待在华美的笼子里，失去了自由。

自我保护机制

金刚鹦鹉产于美洲热带雨林地区，大约有18种，金刚鹦鹉是大型鹦鹉中色彩最漂亮的一种。它们很长的尾巴在鹦鹉科中尤其出名，像大镰刀一样的喙只有美冠鹦鹉可以和它们媲美。它们的脸上没有毛，兴奋的时候满脸红光，雄性和雌性外貌相似。金刚鹦鹉比较容易接受人的训练，模仿人温柔的声音，会像野生鹦鹉那样尖叫。它们大多数情况下能和其他种类的鹦鹉友好相处，但有时也会咬其他动物和陌生人。金刚鹦鹉的寿命最长可达80年。为什么金刚鹦鹉能够如此长寿呢？

首先，金刚鹦鹉拥有良好的自卫绝技和健康体魄。它们的食量很大，

▲金刚鹦鹉

▲金刚鹦鹉

必须保证食物供给充足。不用担心，它们的喙力气巨大，在亚马孙森林中有许多棕树结着硕大的果实，这些果实的种皮通常极其坚硬，人用锤子也很难轻易砸开，而金刚鹦鹉却能轻巧地用喙将果实的外皮弄开，用钝舌吸出果肉或吃到里面的种子。同时，喙也是它们保护自身的武器，据说欧洲白人入侵南美时，曾有士兵开枪射击一对金刚鹦鹉，其中的一只中枪砰然落地，另一只飞走了；过了一会儿，正当这个士兵手拎猎物沾沾自喜时，遁去的金刚鹦鹉突然从天而降，先是一口啄瞎了射击者的眼睛，然后又用喙将士兵掉落在地上的双筒猎枪拧成了铁麻花。

其次，金刚鹦鹉有绝招——百毒不侵。金刚鹦鹉的食谱很杂，由许多果实和花朵组成，其中包括很多有毒的种类，但金刚鹦鹉却不会中毒。它们为什么会这样呢？有人推测，这可能是因为它们吃的泥土中含有特殊的矿物质能够解毒，从而使它们百毒无忌。

歌声传情的动物“歌手”

蝈蝈：单身汉唱“山歌”

我们家族里对唱山歌的只能是两只“单身汉”。并不是女同胞害羞，而是它们天生是个“哑巴”。但这并不妨碍女同胞通过“耳朵”来辨别哪个是真艺术家，哪个在滥竽充数。

歌声洪亮

蝈蝈其实在生物学上叫螽斯，它们身披碧绿衣，胸阔体圆，两根长长的触须，形如一只大蝗虫，南方俗称“叫哥哥”，北方俗称“蝈蝈”，这种昆虫分布很广，北至山东，南到海南，都有分布。

由于蝈蝈的叫声如“吉吉，吉吉……”十分动听，所以它们自古以来都被称为“吉利之虫”。蝈蝈可以长时间地鸣叫，其鸣声随温度的变化在节奏上和音调上都有所变化，通常历时20～30秒，偶尔还有超长的。在夏秋的原野，人们常常可以听到蝈蝈美妙的吟唱。蝈蝈的叫声非常洪亮，而且好像太阳愈大，叫声愈响亮似的，所以在烈日当头的中午叫得最凶，经常是一只蝈蝈鸣声刚起，就会引起其他个体跟着叫，从而形成原野上的大合唱。有趣的是，如果是在家里养蝈蝈，可以用录音机将鸣声录下来，然后放送，蝈蝈会以为是隔壁的蝈蝈在叫，这样可诱发蝈蝈不断鸣叫，比赛歌喉。

蝈蝈是怎样发出这样响亮的歌声呢？原来，它是靠翅互相摩擦而发出的声音。蝈蝈前翅的后缘折叠在背上，左翅叠在右翅的上面。它的前翅基部的翅脉发生变形：左翅下面的一条横脉变粗，横脉上有齿，很像小锉，叫作音锉；右翅上面的表面，刚巧在音锉的下面，形成尖的摩擦缘。在音锉的旁边有一个由翅脉构成的小框，框内有透明膜，这就是共鸣器。当蝈蝈鸣叫时，它的翅升起和分开，

▲螽斯科的树螽，“耳朵”由一个前胫节基部的斜长形沟槽组成，这个沟槽上覆盖着能够与声波产生共振的薄膜。

由一面到另一面进行振动，使摩擦缘与音锉发生摩擦。由于迅速振动，翅的外形变得模糊不清。蝈蝈翅的摩擦所发出的声音很大，又加上共鸣器的作用（像音响一样），所以声音在空旷的原野能传播到2000米远。

飙歌觅伴侣

蝈蝈的鸣声根据功能的不同而有差异，“吉吉”声是它们谈情说爱之前的求婚曲，往往一唱就是几个小时，所以有人称它们为不知疲倦的“单身汉”。如果歌声被其他“单身汉”听到，就会引起共鸣，此起彼伏地对唱起来。如果两只雄蝈蝈相遇，它们便高唱“战歌”，并面对着面，摆好决斗的架势，摇动着触角向对方示威。之后的结局有两种：其一是决斗；其二是双方后撤，各奔前程。另外，当周围出现危险时，蝈蝈就高奏“报警曲”，闻者便可溜之大吉。

能够鸣叫的都是雄蝈蝈，而雌蝈蝈是个“哑巴”。不过，雌蝈蝈虽不会唱歌，却是第一流的“歌曲欣赏家”，它是如何欣赏歌曲的呢？原来，蝈蝈的前腿上有个奇妙的“耳朵”。在蝈蝈第一对附肢上各有一个长卵圆形的裂缝，直通一个囊袋，袋的底部是一层绷得很紧的薄膜，宛如鼓膜一般，称为鼓膜器。每个鼓膜器里面有100～300个感觉细胞。当声波传来时，声音的振动传给鼓膜器，薄膜就会引起振动，再通过神经细胞传给大脑产生听觉，其作用与高等动物的“耳朵”相似。这样一来，雌蝈蝈就能准确地从许多只雄蝈蝈的歌唱声中选择歌声洪亮、高亢而又优美的“情郎”，然后前去约会。

琴鸟："全能艺人"

我们家族里的男同胞多才多艺。不但会唱歌，还会"口技表演"。到了找女朋友的时节，男同胞就给自己搭建个舞台，然后开场"私人演唱会"。演唱会的内容包括：唱歌，展示美丽的尾羽，有时兴致高昂还会边舞边唱。等到它们的"女粉丝"大驾光临，我们这场演唱会的目的就算达到了。

出色的"口技演员"

在澳大利亚东南沿海的山地丛林中，分布着一种能歌善舞的小鸟，全身羽饰金黄，尾羽非常发达，形状酷似希腊七弦竖琴，因此称其为琴鸟或琴尾鸟。

琴鸟长着16根修长的尾羽，几乎占身长的2/3，尾羽展开，很像一架美丽的竖琴。但是美丽同时也带给琴鸟很大的不便。琴鸟的尾羽在身体中占有很大的比例，给飞行造成了障碍。虽然澳大利亚没有善于捉鸟的猫科动物，不过却是各种猛禽的理想栖息地。飞行困难的琴鸟翅膀逐渐退化，取而代之的是能够健步如飞的强壮的双足，使琴鸟由飞禽逐渐向走禽过渡。

琴鸟不仅外形奇特、美丽非凡，而且歌声婉转动听，没有听过琴鸟啼鸣的人，都以为是人在丛林中奏乐。琴鸟还善于模仿，是出色的"口技演员"。它不但能模仿各种鸟类的鸣叫

▲ 雄琴鸟站在炫耀冢上炫耀。

声，还能学人间的各种声音，如汽车喇叭声、火车喷气声、斧头伐木声等。马的嘶鸣、狗的吠声、羊的咩叫，它也能逼真地学出来。动物学家的统计表明，琴鸟模仿的声音不下数十种，几乎鸟类、哺乳类动物和人类活动的声音它都能学，在琴鸟面前，人们宠爱的巧嘴八哥怕也是自叹不如。因此，琴鸟被誉为鸟中的“音乐家”。

▲ 琴鸟

爱炫耀的“七弦琴乐师”

琴鸟歌技超群，舞姿轻盈合拍，尤其是雄琴鸟，外形比雌琴鸟更漂亮，羽色也艳丽得多，表演能力也高明得多。它要为自己选择好献艺的舞台，清理出约一平方米的地方，然后便开始多姿多彩的美妙表演，特别是到了繁殖求偶季节，雄鸟更是施展才华，运用它那娓娓动听的鸣叫和琴尾的频频开屏，向雌鸟求爱。

琴鸟从密林中缓缓走近土丘，它先环顾四周，然后飞上一个旧树桩或较矮的树干，它站在树上亮开嗓门高声大叫，仿佛是在招待观众。这种鸣叫短则几分钟，长则十几分钟。然后琴鸟飞下树干，缓步登上土丘顶部。它在土丘上选好位置，摆好姿势，接着便开始一串洪亮的鸣啭，如同一名歌手在纵情歌唱。唱到忘情之际，它的尾羽逐渐张开并向上竖起，最外侧两条尾羽形成七弦琴臂的U形，细长的其他尾羽也像弦状竖起。而后，尾羽继续向前倾斜，直到两条最外侧的尾羽跟身体方向几乎成直角。

这时，纤细的其他尾羽全部打开，在身体前面形成一层纱帘，遮住琴鸟的头和全身。这时炫耀达到高潮，鸣叫声更加洪亮，银光闪闪的尾羽帘在头前左右摇摆，把土丘顶部扫刷得干干净净，同时发出“沙沙”声。有时，表演中的琴鸟还会跳跃或原地转圈，发出颤声鸣叫。这时，如果雌琴鸟光临，便会达到交配的目的。当鸣叫声中有一声极高的尖声，就说明炫耀表演即将结束了。随后，琴鸟的鸣叫声越来越小，尾慢慢合拢。当尾羽全部合拢并于身后时，表演全部结束。随着两声低沉的鸣叫，雄琴鸟走下土丘。

画眉："文武兼备"

也不知人类是怎么想的，好好的鸟儿，非要训练我们"打斗"，让我们成为"拳击手"。难道我们会唱歌，会搞"模仿秀"还不够为你们逗乐的？

歌声表情达意

画眉是我国常见的鸣禽，为普遍性留鸟。画眉体长约24厘米，体重50～75克。上体橄榄褐色，下体棕黄色，腹中夹灰色。头和上背部具褐色轴纹，眼圈白色，眼上方有清晰的向后延伸呈蛾眉状的眉纹，画眉的名称由此而来。

画眉雄鸟体形比雌鸟大，胸肌因经常鸣叫锻炼，亦比雌鸟发达；雄鸟体形修长，而雌鸟短而胖；雌鸟的羽色比雄鸟的美丽，但在阳光的照射下，雄鸟比雌鸟的羽毛更富有光泽。

画眉主要栖息于山丘的浓密灌木林中，它们好斗，领域性极强，雄鸟尤其性凶好斗。画眉时常三五成群地出现，喜欢在晨昏的枝头上鸣唱，鸣声洪亮、婉转动听，并能仿效多种鸟的叫声、猫狗叫、笛声等各种声音，甚至还会学人说话，不愧为鸣鸟中的佼佼者。

画眉生性机敏，它们通常用歌声和伙伴"沟通"。如果画眉发出"哇哇……"的叫声，是提醒伙伴有危险，请大家快藏起来；发出"啾

画眉

啾……”的连叫声表示害怕、恐惧；发出类似“咯咯……”的声音，表示示弱；发出“咕咕……”的声音并伴有尾巴上下摆动表示想找个伴；发出“咕咕……”的叫声并在原地打圈或摆头是在说这地方是它的，抢地盘当心咬你；发出“呜呜呜……”声并张开双翅，是在说它要打架；如果人类走近画眉时，它发出“呜呜呜……”叫声并张开双翅，那是它在说见到你真高兴。

▲画眉好斗，为了显示自己，它们在鸣叫时会很用力地抓住树枝，身体竖立，英姿飒爽。

或唱或打

由于画眉鸟歌声悦耳、机敏好斗，在世界各地都广受爱鸟人士的喜爱，在不少地方都有人训练其打斗以供观赏。鸟类间的斗争无非是打或唱，或文或武，两者必居其一，人们根据画眉性格不同，将其分为“唱”和“打”两种，“打”鸟专供斗鸟用，“唱”鸟则主要供“鸟友”欣赏叫声。

天生喜爱唱歌的画眉很容易被人类捕获，即使半大的幼鸟也会进行“发声练习”了，人们通过听声找到鸟巢所在，然后循巢捉鸟。一只画眉是否好斗是有特征的。人们有一句口诀“一打眼睛二打腿，三打毛衣四打尾”。这口诀的意思是，画眉打不打架或打架打得好不好，关键要看以下四个部位：眼睛、腿脚、羽毛和尾巴。好斗的画眉特征是眼皮厚、紧，眼睛尤其是黑眼仁小而水灵，眼底色深，眼沙多、粗，眼珠鼓；腿脚要粗短，脚掌宽；羽毛要纯、粗；尾巴要直，长短要适中，上下护尾羽毛丰富。

人们会将多只画眉关在一个分了很多间隔的大箱里，每只鸟再被单独隔离在一个隔间里。这些被单独隔离的画眉，在狭小的空间内待久了，就容易产生争斗之心，即使原来比较温顺的也会变得好斗，而其中暴戾的凶狠者就会被挑选出来作为“打”鸟备用。

喜鹊："喜鹊叫，好事到"

在中国的文化中，我们是幸福和好运的象征。七夕节，牛郎织女要相会，需要我们来搭鹊桥。古老谚语"喜鹊叫，好事到"更是将我们美化为"好运气"的使者。

歌声报喜

喜鹊是全世界广泛分布的鸟类，嘴尖、尾长，双翅短而圆，在黑色羽毛的包围之中，突显出肩部和腹部的白色。雌雄羽色相似。幼鸟羽毛的颜色也与成鸟非常相似，但黑羽部分染有褐色，金属光泽不显著。

▲喜鹊

喜鹊是适应能力比较强的鸟类，在山区、平原都有栖息，无论是荒野、农田、郊区、城市都能看到它们的身影。它们的生存有一个普遍的规律：人类活动越多的地方，喜鹊种群的数量往往也就越多，而在人迹罕至的密林中则很难见到它们的身影。

喜鹊是杂食性鸟类，早春二月的清晨，它们常常成双或是结群地飞到空旷的地上、田野菜园中寻找食物，它们会用各种不同的叫声和同伴交谈，传送着春天的信息，给人们带来欣喜与欢乐。喜鹊的啼叫声像清脆的银铃响，而且热情好动，时常飞到人

▲喜鹊的主要食物是农田害虫，是一种对人类有益的益鸟。

家的墙头屋角，或立足于房脊，或跳跃于枝头，发出“咯咯咯，咯咯咯”像笑一样的叫声，随之全身颤动，尤其它的尾部颠簸得最厉害。之后不忘梳理一下花衣裳，急匆匆地又赶路去了。俗话说“喜鹊叫喳喳，好事到我家”，喜鹊报喜道贺，因此非常受人欢迎。

在日常生活中，尤其是在农村，人们与喜鹊的接触非常多，对喜鹊，人闻其声则喜，自古以来喜鹊就深受人们的喜爱，喜鹊被人们看成是好运与福气的象征。为什么人们会对喜鹊的歌声有这么良好的印象呢？喜鹊真的会报喜吗？

我国民间表达喜鹊报喜的形式多种多样，流传最广的是鹊登梅枝报喜图，又叫“喜上眉梢”。直到现在，农村喜庆婚礼还多用“喜鹊登枝头”来装饰新房。喜鹊登梅也成为中国画中非常常见的题材，经常出现在中国传统诗歌、对联中。事实上，喜鹊确实是一种对人类非常有益的鸟，它们平时的食物80%以上都是危害农作物的害虫，比如蝗虫、蝼蛄、金龟子、夜蛾幼虫或松毛虫等，偶尔才取食谷类或植物的种子。但是说喜鹊的歌声能报喜其实是无科学依据的，这只是人们的一种美好愿望。

一家其乐融融

喜鹊是一种聪明的鸟，它们住的窝是用自己衔来的干枯树枝做成的。在开春的头两个月，喜鹊夫妻就开始忙碌，它们从远处的树林中不断叼来树枝，每天来往数十次，大约一个月

▲喜鹊

才能建成。建成的喜鹊窝远远看去像两个圆筐扣在一起，黑黑的圆圆的，大部分喜鹊窝都会在东南方向留一个小口，供喜鹊夫妻进入窝中。大概喜鹊筑窝时很劳累，在这个时候它们很少歌唱，但在窝快要建成时，它们就会不断地在树枝上跳来跳去，“咯咯咯，咯咯咯……”叫个不停，仿佛人们喜迁新居那样高兴。

立春前后，喜鹊就要产卵养育后代了。在母喜鹊产卵和孵卵期间，树上又会安静了许多，公喜鹊会不断地飞来飞去为母喜鹊喂食，伺候母喜鹊“坐月子”。公喜鹊在伺候母喜鹊“坐月子”期间，总是悄悄地飞来飞去，生怕暴露了妻子“坐月子”的秘密。母喜鹊从产卵到孵出小喜鹊大约需要二十几天的时间，小喜鹊孵出蛋壳到会飞还需要一个月。喜鹊夫妻每天飞来飞去找食物喂养小喜鹊，非常辛苦。喜鹊是反刍的鸟类，它们先把食物吃进胃里，吐出快要消化的食物喂养小喜鹊。喂食时，喜鹊父母和小喜鹊都会不时地发出“咯咯咯，咯咯咯……”的叫声，一片其乐融融的景象。

手段老辣的剧毒“杀手”

鸡心螺：最仁爱的“放毒高手”

我们行动慢，可又喜欢吃游得快的小鱼该怎么办？没事儿，我们有一杆专门制服小鱼的“鱼叉”。这鱼叉就是我们的齿舌，虽不锋利，但有毒。它的毒性到底有多强大呢？据说四分钟内就可以毒死一个成年人。不过，我们可不像水母那样阴毒，我们给对手施行的是“安乐死”。死前，它们不会有任何痛感。

让猎物平静死去

世界上总共有500种左右不同的鸡心螺，绝大多数鸡心螺都分布在温暖的热带水域。它们都是肉食性的，通常以海洋蠕虫类动物、小鱼及其他软体动物为食。鸡心螺最长达23厘米左右，与其美丽的外壳一样出名的是它那毒性很强的毒液。由于鸡心螺的行动相当缓慢，使得它们不得不使用有毒的“鱼叉”，即一种毒性齿舌，捕捉像小鱼这样快速游泳的猎物。

鸡心螺在捕猎的时候，会把身体埋伏在沙子里，仅将长长的鼻子暴露在外面。这样不但能够获取氧气，还可以监视猎物的动静。当发现有猎物靠近时，它就将长管状的喙伸向猎物，通过肌肉的收缩，将装满毒液的齿舌像子弹一样从喙里射到猎物身上，毒液能够瞬间将小鱼麻痹，然后鸡心螺收起它的齿舌，将已被制伏的猎物拖入口中。它们的毒素通常都是针对小鱼的，但由于人类和鱼有着相似的神经系统，这使人类同样易于受到鸡心螺的侵害。一些鸡心螺的毒性非常强大，可在四分钟内毒死一个成年人。一只鸡心螺的毒素足以杀死十个人。

鸡心螺艳丽的外表很容易吸引那些好奇心强的人将它们拾起，而悲剧恰恰就因此发生了。至今已有30多起由鸡心螺毒液引起的人类因中毒而致死事件。但据资料显示，鸡心螺的受

▲ 鸡心螺

害者在死亡前并没有什么疼痛，死得很平静。

毒素可制止痛药

科学家对于人们无痛死亡这件事做了进一步的研究，发现鸡心螺的毒液中含有数百种不同的成分，而且不同种类之间的成分组成差异很大。这些不同的毒素被称为芋螺毒素，这种毒素能够阻断神经系统传递信息，同时还含有镇痛成分，使得生物体在死亡时因为神经系统无法传递信息，而没有任何感觉，死得非常平静。

于是，科学家开始从鸡心螺体内提取出毒素，制成缓解疼痛的药物。2004年，第一种利用鸡心螺毒素制成的止痛药，被批准在美国和欧洲使用。这种止痛药有助于减轻已对吗啡产生抗体的患者的慢性疼痛。它能够直接作用于脊椎，可有选择性地阻塞大脑中的钙通道，阻止可引起疼痛感的神经传递素的分泌。

蓝环章鱼：高明的“毒”心术

我们个子小巧，胆子也小，遇事只要能躲，就坚决不出头。然而，把我们逼急了，也是个狠角色。连温驯的兔子给逼急了，都懂得咬人，更何况我们还有“杀手锏”呢？我们的“杀手锏”就是藏在身体里的毒液。

“毒”领风骚

蓝环章鱼外表艳丽无比，但是在美丽的外表下却隐藏着剧毒。它们的体形不超过高尔夫球大小，腕足上有美丽的蓝色环节，遇到危险时，身上和爪上深色的环就会发出耀眼的蓝光，向对方发出警告信号，其唾腺和卵巢具有河豚毒素的神经毒，神经毒对中枢神经和神经末梢有麻痹作用，其毒性巨大，0.5毫克即可致人中毒死亡。一只蓝环章鱼的毒液，足以使10个人丧生。最可怕的是蓝环章鱼的毒液能阻止血凝，若不慎被它咬伤，伤口处会先出现麻痹感，随后引起痉挛，呼吸困难、血压下降，紧接着心脏停止跳动，严重者在被咬后几分钟就会毙命，目前还无有效的抗毒素来预防它。

蓝环章鱼释放剧毒前是有征兆的，它们的毒性可以由自身的颜色显示出来。平时蓝环章鱼的皮肤呈土黄或金黄色，一旦它受到威胁，身上的蓝色环就会闪烁，发出灿烂耀眼的光

▲蓝环章鱼

▲蓝环章鱼

芒，这是蓝环章鱼对其他生物发出的警告——准备攻击。

幸运的是，蓝环章鱼一般不会主动攻击人类，除非它们受到很大的威胁。大多数对人类的攻击发生在蓝环章鱼被人从水中提起来或被踩到的时候。

伪装术与变色服装

“毒”术超凡的蓝环章鱼虽然杀人快、狠、准，但是其实它们胆子很小，并不好勇斗狠，遇到环境变化时，它们先选择躲避或隐藏。蓝环章鱼的皮肤含有颜色细胞，可以随意改变颜色，通过收缩或伸展，改变不同颜色细胞的大小，整个模样就会改变。因此当蓝环章鱼在不同的环境中移动时，它可以使用与环境色相同的保护色，绝对是“伪装”高手。

英国科学家受蓝环章鱼“伪装术”的启示，不久前开始使用先进的材料试制一种新式“可控服装”。这种材料对大气状况很敏感，其中含有可改变颜色的电子装置，例如在严寒气候下变为白色，在高温时变成沙子颜色，使之难与背景相区分。日本科学家研究的光色性染料，能使合成纤维织物“染上”周围景物的颜色，穿上这种变色纤维服去草坪上游戏，衣服就一片翠绿；而在红地毯上跳舞，周身便艳红如火；在冰面上滑冰，又是一片银装素裹。

中毒后的急救原则

蓝环章鱼虽然十分美丽，但千万

不可有当作宠物养起来、或拿去卖个好价钱这样的愚蠢想法。因为说不定这家伙什么时候就会爬出水族箱，坐到沙发上欣赏电视去了。这时候受害的人即便不是你，也一定是你最亲的人，往往还不止一个。

若万一不幸被咬，首先必须立刻进行现场急救，同时拨打急救电话求救！但千万不要指望伤者能活着等到医生到来。因为即使医生来到现场，能做的事情也不多，无非是听听心跳、再查查脉搏，然后就宣布伤者早已死亡。因为目前医学上还没有任何解药可解这种毒。而伤者在被咬十几分钟后就会出现麻痹、恶心、视线模糊等症状，如未能及时抢救，半小时内便会出现呼吸困难、身体瘫痪并因窒息而死。

说得那么恐怖，是否被蓝环章鱼咬到就必死无疑呢？当然也不是，伤者还有一线生机。因为进入伤者体内的毒素会在数小时内开始自行缓解。关键是不能让伤者在中毒后的几小时内因呼吸停顿、窒息而导致死亡。

所以，遭蓝环章鱼啮咬后，第一时间急救方式是按住伤口并施以人工呼吸。人工呼吸的急救必须持续，直到伤患恢复到能够自行呼吸的状态为止；而这往往需要数小时之久。即使是在医院，也只能对伤患进行呼吸与心跳的维持治疗，直到毒素浓度因身体代谢而降低。儿童因体型较小，若遭啮咬情况会很严重。若在血压降低的症状出现之前就施以人工呼吸治疗，伤患就可能保住性命。成功撑过24小时的伤患，多半能够完全康复。即使伤患已无反应，也应立即施以辅助呼吸，因为毒素会麻痹肌肉，伤患即使神智清楚也无法呼吸或作出任何反应。

河豚毒素比剧毒药品还要强千倍

河豚毒素是一种神经毒，存在于各种不同动物中，如鹦哥鱼、斑蟾、蓝环章鱼、海星等。它比剧毒药品氰化钠还要强1000倍，约0.5毫克就能置人于死地。它需220℃以上方可分解，盐腌或日晒都不能破坏。

河豚毒素中毒的最早历史记载是英国航海家詹姆斯·库克的日记。他记载道他的船员进食过一些本地热带鱼类（河豚）后，将厨余及剩饭喂给船上饲养的猪。船员后来出现麻痹和呼吸困难等症状，而所有猪则在第二天全部死亡。现在看来，船员进食过含有少量河豚毒素的河豚肉，而猪则进食了含有大量毒素的河豚内脏而死亡。

漏斗蜘蛛：一恋爱就疯狂

平常我们跟人类井水不犯河水，但到了恋爱时节，我们家族里的雄性成员就会离开自己的领地，出去寻觅对象。这样难免就进入到人类的生活区域，彼此之间起了冲突。我们身体上携带的毒素可以一下子杀死5~8个人。直到1981年，聪明的科学家才研制出来一种针对我们的抗毒剂，挽救被我们咬伤的人群。

对人类极有攻击性

漏斗蜘蛛是一种黑得发亮的剧毒蜘蛛。声名显赫的黑寡妇蜘蛛、隐士蜘蛛、流浪汉蜘蛛，都敌不过漏斗蜘蛛致命和危险。

漏斗蜘蛛原产于澳大利亚的东岸，是一种易怒的生物，更可怕的是这种蜘蛛的雄性对人有极强的攻击性。漏斗蜘蛛不能适应干燥的环境，只有潮湿的环境才会让它们感觉更舒服、更有活力，平时它们常常将自己不规则的网结在岩石下面、腐烂的树叶堆下面、圆木的裂缝中或丛林背阴的角落里，而自己则驻守在蛛网的中心，随时掌握蛛网传达的各种信息：猎物落网、配偶登门以及危险的来临。但是到了交配期，它们会大肆出入人们的屋子，出现在书桌上、厨房里、鞋子中，以及任何它认为可以找到雌性蜘蛛的地方。因此，这时也是它们和人类产生冲突的高峰期。

▲漏斗蜘蛛释放毒液的器官是一对强劲有力，足以穿透皮靴的尖牙。成体的体长可达6~8厘米，尖牙长度可达1.3厘米，发起袭击时毒牙向下像匕首似的向下猛刺，因此漏斗蜘蛛要昂首立起，才能露出毒牙向下猛咬。

▲漏斗蜘蛛

漏斗蜘蛛释放毒液的器官是一对强劲有力、足以穿透皮靴的尖牙。成体的体长可达6～8厘米，尖牙长度可达1.3厘米，袭击时漏斗蜘蛛要昂首立起，露出像匕首似的毒牙，才能向下猛咬，毒液会在数分钟内迅速蔓延，使人产生痉挛性的瘫痪，最后患者会陷入昏迷状态。毒素继续侵袭呼吸中枢，直至患者最终窒息而死，这个过程只需几分钟。漏斗蜘蛛所携带的毒液足以杀死5～8人。数十年来，澳大利亚人对漏斗蜘蛛的恐惧始终不减，但在1981年，经过14年的研究之后终于制造出一种抗毒剂，拯救了数百条人命。

对“爱人”痛下杀手

动物界中的异性之爱有时着实令人毛骨悚然。漏斗蜘蛛更是不甘落后，它们不但对人类狠毒，而且对于自己的“爱人”同样也会痛下毒手。

雄性漏斗蜘蛛在成年后会离开自己的领地去找雌蛛约会，特别是在夏秋两季最为频繁。雄性漏斗蜘蛛会花费它们几乎所有的成年期去尽可能多地和雌蜘蛛交配，它们从窗户的缝隙，从门缝里爬进人们的住所，四处寻觅雌性交配对象。于是这个季节也就成了漏斗蜘蛛与人发生冲突的高峰期。

雄性漏斗蜘蛛能够通过雌蛛发出的性激素气味寻找到它们的隐蔽巢穴，在交配过程中，雄性漏斗蜘蛛要十分小心地避开雌蜘蛛第二对腿上的毒刺，把精管导入到雌蜘蛛的受孕囊里。最可怕的是雌性漏斗蜘蛛通常会在交配后吃掉对方。

为了改变这种悲惨的命运，一些雄性漏斗蜘蛛逐渐进化出了一种特殊的“化学武器”，当雄性漏斗蜘蛛和雌蜘蛛交配时，身体会分泌出一种令雌蜘蛛昏迷的气体，使雌蜘蛛进入虚弱而轻微昏厥的状态，这样雄蜘蛛既能达到交配目的，又可以保住自己的小命。

毒鲉："射毒高手"

为了自卫，我们丑陋的毒鲉家族，也进化出专门的射毒武器——背鳍上的13根毒棘。当人们不留意踩到了我们这块活"石头"时，立马就有苦头吃了。而且，我们的毒素跟水母一样，都会使人产生难以忍受的痛感，并在这种折磨下死去。

不能承受之痛

在浩瀚的海洋里，有一些鱼类专门在海底或岩礁下活动，叫底栖鱼类。在众多的底栖鱼当中，有一种很恐怖的鱼——毒鲉。这种鱼大部分隐藏在沿海暗礁处。因为它极像一块石头，很不容易被发现，所以人们又叫它"石鱼"。

毒鲉貌不惊人，身长只有30厘米左右。可是，它能分泌出一种毒液，对人或其他鱼类产生伤害。它们平时喜欢栖息于浅水的礁石间，同时还将身体的一半埋在泥沙中，只露出两只小小的眼睛，一动不动，人们即使站在它身旁，也很难发现。然而，要是人们不小心踩着了它，那么这条貌似老实的毒鲉会迅速竖起背鳍上的13根毒棘刺入人的皮肤，接着射出毒液，使人痛苦到失去知觉。其他小动物一旦被它刺中，也会很快死去。这是因为毒鲉的毒棘基部能分泌一种剧毒毒液的缘故。平时，这些毒棘被它的疣状皮肤所掩蔽，当发生危险时，毒鲉就把毒棘竖起，一边发射毒液，一边

▲ 毒鲉

刺向敌人。

这种毒液一旦从被刺破的伤口进入人体，很快就会使人中毒，并处于难以忍受的疼痛之中，直到死亡。毒鲉给人类带来的痛感绝对是“名列前茅”的。

▲毒鲉

一位不幸中招的受害者曾这样描述自己的经历，“在澳大利亚，我的手指被一条石鱼刺中，当时就像是每个指关节、腕关节、肘部和肩膀都依次被大锤敲打了一遍，这种感觉持续了一个小时，随后双肾部位又有约45分钟被踢中的感觉，你根本无法起立或站直。当时我还不到30岁，身体非常棒，被毒鲉刺中的伤口也很小，但直至几天之后手指才开始恢复知觉。”更有甚者，痛得要求截掉伤肢。

毒鲉之毒的利用

在世界历史上，许多历史名人之死与毒杀有不解之缘，与其他暗杀兵器相比，毒物这种“软性暗杀武器”更多了一些神秘的色彩。毒杀是一种最古老、最易施行，也最难防范的暗杀方式。古代的人们就已经会从毒鲉等有毒动物或有毒植物身上提取毒药进行毒杀，一旦将毒药掺入食物或饮料之中，人食用后，就会造成严重的食物中毒而难以解救。

但时至今日，科学家表示，毒鲉对人类的益处远远大于它的害处，因为它们对于研制新型药物颇具重要意义。医药学家表示，毒液蛋白是可用于研制治疗过敏、疼痛、癌症等疑难之症的药物。然而目前能够提取毒液的物种资源已很少，而毒鲉等有毒鱼类的不断发现，给未来医药研究和开发带来了新的希望，有毒鱼类将成为新的医药宝库。

嗜血成性的“吸血狂魔”

舌蝇：吸血夺命

在老家非洲，我们是一种极不受欢迎的动物。因为我们会使人们患上“睡眠病”。目前，世界上还没有一种专门治疗“睡眠病”的特效药，人们只能通过喷杀虫剂和给我们男同胞做“绝育手术”的方式来消减种群的数量，以期减少“睡眠病”的发生。

吸血传播睡眠病

舌蝇又叫采采蝇，主要生活在非洲地区，它们的身体比苍蝇小，体长6～13毫米，体呈黄色、褐色、深褐色至黑色，喙较长，向前水平伸出。雌、雄舌蝇都吸食人和动物的血，昼夜均活动。它们是人类睡眠病的传播者。当舌蝇吸了睡眠病病人或病兽的血，锥体虫进入蝇的肠内大量繁殖，然后向口部转移，进入唾液腺内，舌蝇再次叮人时，锥体虫随其唾液进入人体。舌蝇是锥体虫与人类之间最为理想的传播媒介，因为舌蝇一旦自身感染锥体虫则将成为终身传播源。

锥体虫是一种脊椎动物的血液

▲舌蝇

躲开睡眠病的斑马

科学家研究结果显示，舌蝇的视觉很特别，一般只会被颜色一致的大块面积所吸引。对于有着一身黑白相间条纹的斑马，舌蝇往往是视而不见的。斑马的条纹正是自然选择、优胜劣汰的结果。在进化过程中，斑马的选择虽然使它有更多的被捕猎风险，但也使它成功地躲开了睡眠病的困扰，它们的群体不断地发展壮大。现在，斑马已经成为非洲大草原上数量最多的动物之一。

寄生虫，它对有蹄类动物一般无害，但遇到人类和家养的牛、马这样的寄主时就会大爆发。锥体虫进入人体后，在血液及淋巴结内分裂增殖，然后进入中枢神经系统，最后侵入脑脊髓液。锥体虫侵入人体的早期，人类表现为发热、头痛、淋巴结肿大、水肿、发疹等，过数月后出现神经过敏、嗜睡、虚弱等症状，之后进入昏迷状态，患者一般快则3～9月，慢则2～3年便会死亡。

据统计，已有数以百万计的非洲人死于睡眠病，而且在非洲睡眠病感染地区，农民无法饲养牛、马等家畜来发展农业生产。多年来，舌蝇一直是制约非洲热带地区经济发展的一个重要因素。科学家表示对于非洲舌蝇传播的睡眠病，以人类目前的科学水平尚无法控制。医生告诫患睡眠病的病人，无论如何别在有蚁丘的地方行走，一旦昏睡在蚁丘旁，就会成为食人蚁的美餐。

睡眠病的遏制

据世界卫生组织最新报告，20世纪60年代几乎在非洲绝迹的睡眠病，目前又在撒哈拉以南的37个非洲国家肆虐，严重威胁着6000余万居民和5000多万牲畜的性命。由于大批患者丧失了劳动能力，非洲已有1000多万平方千米的土地荒芜绝收，每年造成的经济损失高达45亿美元。在尚无防治睡眠病疫苗的情况下，如何遏制睡眠病的蔓延呢？

非洲专家认为，非洲国家应该借鉴过去的成功经验，采取联合行动。据悉，在多年以前，位于非洲东海岸的桑给巴尔岛就已经基本上遏制了睡眠病的传播。具体做法是，先在舌蝇产卵集中的地方定量喷洒杀虫剂，然后向这些地方放回经过辐射而丧失生殖能力的雄性舌蝇，就可以使舌蝇的繁殖率大大降低，从而减少感染睡眠病的机会。

臭虫：无比顽强的“吸血者”

我们是“吸血鬼”中的一员，无血不欢。通常我们喜欢喝温血动物的血液，连人血也不排除在外。我们当然知道吸食人血要冒好大的风险，好在我们都是在晚上偷偷地干这种勾当。当人们发现被咬，开灯捉我们的时候，我们早就溜之大吉了。

忍饥挨饿伺机吸血

臭虫吸食人血、骚扰人类，是重要的害虫之一。但你可知道，它们与虱子不同，虱子寄生于人体上，随时都可以吸血。而臭虫则不然，它只有吸血时才爬到人身上来，吃饱后就离开。如果臭虫没有机会遇到人，它只能挨饿。所以经过祖祖辈辈长时期的适应，使它们锻炼出了一种能忍饥挨饿的能力，生命力变得极其顽强。臭虫的寿命一年左右，竟可以几个月不吸血，即使饿得只剩下两张皮还能活着。“留得青山在，不怕没柴烧”几乎成了它们的座右铭，它们饿不死、冻不死，只等吸血时机的到来。

臭虫为什么能如此忍饥耐寒呢？这种本领是如何练就的？原来这和臭虫的生活习性有关，是长期适应寄生生活而形成的。臭虫常年生活在墙缝、床缝和家具缝隙中，夜晚出来活动，吸食人、鸡、兔等的血液。在漫长的年代中，由于臭虫栖息的场所并不能时常有充足的食物来源，尤其在寒冷的冬季，取得食物更为困难。久

▲臭虫的幼虫需要蜕皮5次才能变为成虫。

▲臭虫

声响，就立即爬走躲藏起来。据研究，臭虫每分钟能爬行一米以上，因此，当你被咬后开灯捉拿它时，它早已无影无踪了。现在由于卫生条件改善以及人们长年进行着消灭臭虫的工作，一般来说臭虫已不大常见了。

而久之，臭虫的消化系统和生活习性逐渐适应了这种环境，因而也就延续了下来。

臭虫在低温条件下，生长发育很慢，甚至停止，冬季到来时它们仅仅用体内储存的养分，来维持最低的生命活动，生理代谢完全依靠其活动时期的积累缓慢地进行。但只要环境温度变暖时，它们就立刻复苏，四处活动，吸食人与动物的血液，进行生长与繁殖。

臭虫繁殖很快。一只雌虫一生可产卵500个左右，一年之中臭虫可繁殖3～6代。臭虫在13℃的环境之中就可以正常活动，因而即便在冬季，只要室内温暖它就会四处活动吸血繁殖。臭虫很贪吃，每次吸血可长达10～15分钟，吸血量可超过它自身体重的1～2倍。臭虫一生要蜕皮五次，每蜕一次皮前至少要吸食血液一次。这样才能完成其生理变化的需要。

臭虫习惯阴暗怕声响，只要略有

臭虫引来轰炸机

臭虫常常让人恨得牙痒痒，因为它们把人们折磨得够呛。由于臭虫对人体的汗味特别敏感，当它嗅着汗味爬到人身上吸血时，它背上的超微型发射器竟会发出信号。这引起了美国科学家的关注，他们将它应用于实战。

科学家们用飞机将许多身背超微型无线电发射器的“臭虫侦察兵”空降到战场，敌方的士兵在丛林小道上艰难地跋涉着，他们走的林间小道很隐蔽，由于走累了，他们坐下来休息。一个士兵觉得背上奇痒，伸手摸索着，抓到一只臭虫。谁身上没有捉到过这种“宝贝”呢，士兵当然也不会特别在意。可是他们万万没有想到，臭虫会给他们招来麻烦。因为就在臭虫的口器刺进士兵的血管时，它们背上的发射器向美军指挥部发出了信号……就在这时，炸弹从天而降。

锥蝽：可怕的一个“吻”

我们喜欢在人们的嘴唇附近喝血，所以，被赐了个浪漫的名字——接吻虫。这一吻，接得可一点都不浪漫，它是要让人类付出实实在在的血的代价的。如果我们只“偷盗”点血也没啥，关键是我们还喜欢在人们脸上排便，这样一来，就让寄生虫有机会进入血液，攻击心脏。据材料报道，天才的达尔文先生很有可能就是死于我们的先辈之手。

专咬人类面部

月黑风高之夜，就是锥蝽行动之时。它们是夜晚突击队的主力，锥蝽之所以被称为“接吻虫”，来自它们独特的吸血方式。它们特别热衷二氧化碳浓度高的地方，而人类的唇部是它们最爱去的地方。锥蝽有犹如喙一般的尖锐吸血口器，接近人类嘴巴时将它当成刺刀挥舞，刺穿人体的皮肤，开始吸血，它们的体形很大，可以一次性狂吸200微升血，进食使它们的胃部膨胀，胃部可容纳相当于三倍体重的血液。但由于它们的唾液中含有麻醉剂，伤口并无疼痛感，所以人类不易觉察。

当它们进食完毕后，更加邪恶的行为才刚开始，它们在叮咬处附近排便，粪便里有一种微细寄生虫，当人类觉得痒，用手搔抓或揉搓面部时，锥蝽的粪便就会进入它们吸血造成的

▲ 锥蝽

疑似锥蝽杀死达尔文

达尔文是较早了解并描述锥蝽吸血习惯的人。1835年，当他途经阿根廷时，曾经被锥蝽叮咬过。他写道：“夜间，我遭受阿根廷草原上一种大黑虫的叮咬。一种无翼的昆虫在你身上爬，你总会感觉很不舒服。这种昆虫大约有2.5厘米长。”由于锥蝽释放的寄生虫能无声无息地潜入血液中，它可以在人体内寄生数十年，使器官逐渐衰弱，直到崩溃。因此有些人相信达尔文就是死于吸血锥蝽传播的南美洲锥虫病。

伤口中，寄生虫趁此机会进入人体，一旦进入血液中，这种寄生虫就会侵入心脏繁殖，不久心脏组织会布满大量的寄生虫。曾在中南美洲肆虐的南美锥虫病就是锥蝽传播的，人类一旦染上这种疾病，就会出现头疼、发热、淋巴肿大、呼吸困难等症状，最后导致心脏功能衰竭。唯一的治疗方法就是心脏移植手术，虽可延长病患的寿命但却无法根治。

心脑血管病的曙光

德国研究人员报告说，他们找到了既能抑制血栓形成又不影响凝血功能的新药，有望改善对心脑血管疾病的治疗。

迄今，治疗中风和心肌梗死等心脑血管疾病的方法在抑制血栓形成的同时，会影响人体凝血功能，这可能导致患者出现伤口流血不止等症状。德国维尔茨堡大学的研究小组称，他们的新发现解决了这一难题。

他们从血吸虫锥蝽身上提取出一种蛋白质，然后把这种蛋白质与人类蛋白质相结合，得到一种新物质。动物实验显示，这种新物质能够在抑制血栓形成的同时，不影响凝血功能。研究人员计划下一步对这种新药进行人体临床试验。

血　栓

血栓是在心脏或血管内，血液发生凝固或血液中的某些有形成分互相粘集，形成的固体质块，会妨碍血液循环的通畅，严重者甚至可以阻断血流。

寄生鲶：吃肉喝血

我们就是传说中吃肉喝血的魔鬼——寄生鲶。别看我们个头不大，可对付起人来，却很有一套。一旦我们钻入了人体，除了外科手术，别的法子休想让我们乖乖投降。而且，动手术还得快，不快的话，宿主就没命了。想当年，我们的同胞在一位小伙子的肚子里住了5天，他的整个肾脏被我们的同胞啃吃了四分之一。

钻进体内吸血

寄生鲶是亚马孙地区最恐怖的淡水鱼。亚马孙河里有很多让人害怕的怪物，寄生鲶比起它们来可是丝毫也不逊色。寄生鲶并不是个头让人害怕，细小的寄生鲶成体仅不到10毫米，体色近乎透明，很难被人们看到，这恰恰是最可怕的地方，人们时常在还没有察觉的情况下，就已经被寄生鲶攻击了。

寄生鲶身上长有一种特别灵敏的传感器，这种传感器能够探测到从它们身边经过的鱼。因为鱼经过时，鳃就会释放氨，寄生鲶身上的传感器能感知这种化学物质。它们会利用氨的轨迹来跟踪目标，一般来说，被它们盯住的目标都很难逃脱，因为它们是强力而快速的游泳选手。一旦追到目标后，它们就用锐利的牙齿和鱼鳃处的倒钩状刺，刺破寄主的皮肤，使其出血，再用口吸吮，并借助其细小平滑的身体，轻易地钻入大鱼的鳃孔，

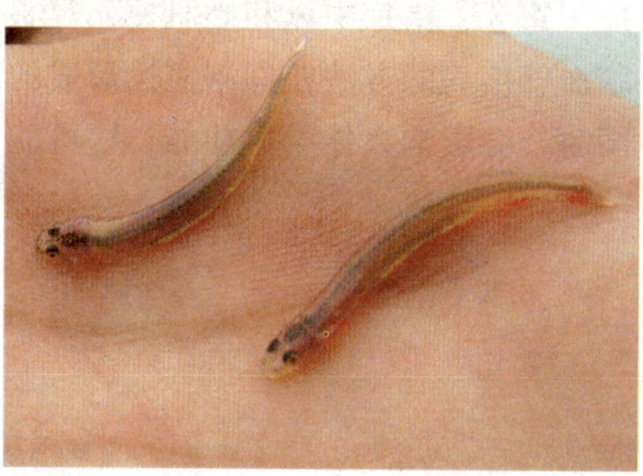

▲寄生鲶

受害者切除肾脏

据资料显示，一位被寄生鲶攻击了的宿主进行手术，医生打开他的腹腔时惊呆了，只见一条小手指般长的小鱼肚子鼓胀，在短短5天的时间内，寄生鲶的体积迅速增长了近10倍。宿主的整个肾脏已经被它啃噬出一个大洞，被吃掉的部分足有四分之一。医生想把小鱼从宿主的肾脏上剥离，然而鱼嘴就像吸盘一样紧紧地吸附在肾脏上，吸盘上的倒钩深深嵌入肾脏。医生本想对剩下的肾脏进行修复，但是肾脏内部已经出现了一个洞，几乎贯穿了整个肾脏，已经失去了修复价值，不得已，只好把宿主那只被攻击的肾完全切除。

隐藏于受害者的鳃中。它们在大鱼鳃瓣间不停地蠕动，改变其所处的位置，以寻找合适的立脚点。只要感到饥饿时就从寄主身上吸血，然后越长越大。

在巴西，当地人非常惧怕寄生鲶，因为它有钻入河中洗澡者尿道的习性，所以当地居民在下水前都要穿着一种用椰子纤维织成的裤子，以保护生殖器。寄生鲶还会趁人小便时钻入尿道，据说寄生鲶误认为人撒的尿是从鱼的鳃孔中排出的呼吸流。它们在人体内将伸出一根小刺，并靠吸取人的血液和身体组织为食。可怕的是，只有外科手术才能将它们清除。

在河内游泳和小便是游人的大忌，因为寄生鲶会被体液吸引，并迅速钻入人体内吸血甚至噬吃人体组织，造成剧痛。一旦它们进入了人体，除非动手术，否则寄生鲶绝对不会钻出，如果不借助外科手术，它们将在人体内一直存活下去并不断繁殖，直到将受害人的血吸干为止，想到这个过程都令人毛骨悚然，唯一不用担心的是，这种来自地狱的魔鬼鱼，只在亚马孙河中出现。

吸血蝙蝠："吸血魔王"

长得贼眉鼠眼，还穿着轻便的深色"夜行衣"，没错，我们就是江湖上盛传的江洋大盗——吸血蝙蝠。专门偷取人、畜、鸟的血液，用以糊口。我们的第二副业是传染血液性疾病，比如狂犬病、锥虫病。所以，人类对我们恨透了。

地道的"吸血鬼"

在兽类中，最令人生厌的恐怕要数被人称为"吸血鬼"的吸血蝙蝠。这种会飞的小兽面貌丑陋可憎，主要生活在南美洲，它们不像其他蝙蝠那样专门吃蚊虫，有益于人类，而是专门吸食哺乳动物和鸟类的血。它们在天黑之后才开始活动，每晚定时觅食，其视力和嗅觉都非常发达，又有独特的"回声探测器"，可发出特殊的超声波，用耳朵捕捉周围的动静，分辨动物睡眠的声音。

▲为了更好地吸食血液，吸血蝙蝠首先要选定猎物身体的某个特殊区域，该区域的血管必须离皮肤表面很近。然后用舌头把该区域有保护性的毛发舔开，最后再把该处的皮肤咬开一个接近圆环状的开口，从而吸到皮肤下面的血液。

为了适应吸血的需要，吸血蝙蝠前排牙齿已演化成两片锋利的"三角刃"，可以极准确地割开熟睡动物的皮肤，而不被那些动物察觉。它们的食道也很独特，是一根细细的管子，吸吮起血液来十分方便。最为可怕的是，吸血蝙蝠的唾液中有抗血液凝结的物质，一旦被它咬伤，就会流血不止。这时候，吸血蝙蝠便可在伤

▲吸血蝙蝠的牙齿如剃刀般尖锐，能够刺穿猎物的皮毛，从而舔舐到猎物的血液。其鼻尖扁平，有利于它的嘴尽量地接近猎物的皮毛。

口处大吸特吸，吸血蝙蝠贪婪无比，吸血时总要把肚子喝得胀鼓鼓的才肯离开。有时候，它吸食的血液竟然是它自身重量的两倍！血液中含有80%的水，它们在摄取血液时，一边吸收血中的蛋白质，一边把水排泄掉，因此它们从不用担心饱得飞不动。所以吸血蝙蝠是地道的“吸血鬼”。据估计，一只吸血蝙蝠一生中吸食的血液可达100多升。

伤口小危害大

吸血蝙蝠通常吸食家畜的新鲜血液，有时也敢吸食人血。它们往往寻找熟睡的受害者，直接飞落在它的身上，而更多的是飞落在它的身旁，然后再悄悄地爬过去，爬上受害者的身上，这样不容易被发觉。

吸血蝙蝠对于不同的对象会选择不同的吸血部位，例如对于牛和马，专咬背部和体侧；遇到猪，专咬腹部；如果是鸟类，则咬腿部。它们选择动物的裸区或毛、羽稀疏部分，如肛门、外阴周围、鸡冠和垂肉等裸露部分，耳朵和颈部以及脚也常被光顾，当选中合适的地方后，吸血蝙蝠常常在它选择的位置待上几分钟，又闻又舔，再用长长的牙齿先把选择好的对象身上的毛咬掉，然后迅速地用尖利的牙齿轻轻地将皮肤割破一道浅浅的小口，然后缩回来，试探一下对方是否已经熟睡，如果受害者不感到疼痛，通常不会被惊醒，仍然保持安静状态。这时它们就开始酣畅地吸食血液。受害者伤口虽然不大，出血量可能很多，被咬后大片血污足以令人吃惊，由于被咬后血液不会凝固，有时血从伤口流出可长达八小时，动物如果被咬上很多次，甚至会因为失血过多而死亡。同时，真正的危险还包括疾病的传染，例如它在吸取动物血液时，会传播马的锥虫病；在咬伤人和家畜时，最易传播狂犬病。

狂犬病的传播者

2010年8月11日，一名墨西哥青年因被吸血蝙蝠叮咬而在美国死亡。美国疾病控制与预防中心公布的信息显示，死者时年19岁，7月15日在家乡米却肯州遭到一只吸血蝙蝠叮咬脚后跟。当时他并未在意，并于10天后启程前往美国路易斯安那州一家农场打工收甘蔗。被咬之后两周，该男子出现了体虚无力、肩部疼痛、左手麻木、左眼下垂等症状，继而呼吸困难、发烧38.4℃。根据疾控中心的记录，患者发病数天后逐渐对外部刺激失去反应，瞳孔固定、放大。医学检验表明患者脑部已严重受损。院方经家属同意最终关闭了生命保障系统，患者不久后死亡。

疾控中心还强调，随着全球气候变暖，栖息在拉丁美洲地区的吸血蝙蝠很可能向北迁移，从而增加居住在美国南部的人和动物感染吸血蝙蝠狂犬病病毒的概率。疾控中心呼吁公众尽量避免与吸血蝙蝠接触，并及时接种狂犬病疫苗。

手法高明的动物“小偷”

小偷蚁：盗窃成习惯

我们蚂蚁家族是“勤劳”、“团结”、“任劳任怨”这些美好品质的“代言人”。然而，家族大了，总会出现些心术不正的家伙，比如小偷蚁。小偷小摸算不得大错误，可是要让邻居红蚁家族“断子绝孙”就很阴毒了。好在，科学家经过研究后，为我们正了名，洗了耻。原来，我们并不是真心想要让人家绝后，而是出于一种“杀弟”的本能。

毫不客气的强盗

生活在俄罗斯草原地区的小偷蚁，它们是非常奸猾的小昆虫。它们非常愿意和红蚁做邻居，常常在红蚁巢的附近建造自己的巢穴，然后再专门挖掘一些细小的迷宫式通道，直达邻居的住处。这些小偷蚁在这种迷宫式的通道中从来不会迷路，而且能够准确到达食物的位置。是不是非常神奇呢？

别看小偷蚁不会开口讲话，却能用一种特殊的“化学语言”给同伴通风报信。它们会用触角碰来碰去传递化学气味，这样就能把发现食物的消息告诉同伴。发现食物的小偷蚁，在回洞招呼同伴的路上，会不停地把肚子贴在地面上，这样从腹部和腿部分泌出来的激素就留在了它爬过的线路上。这种激素有一种特殊的气味，小偷蚁的“大部队”就能沿着这条“气味线”闯入红蚁的巢穴，偷袭邻居的幼虫和蛹，抢来后就饱餐一顿。

对于这伙小强盗，个子较大的红蚁毫无办法。因为小偷蚁个子很小而且动作敏捷，会很快地钻进小洞或缝隙里，令红蚁束手无策。

小偷蚁性情勇猛而狠毒，若红蚁追上来，狠毒的小偷蚁会突然反扑，把红蚁团团围住。被“小偷”围住的红蚁，盛怒之下会在地上四处滚动，它想咬住“小偷”，向敌人喷洒毒汁，但就是喷不上，白费力气，这伙小强盗十分机灵，它们东躲西闪，使红蚁连连扑空。它们对付红蚁一点也是毫不客气的。

吃掉蚁卵的习惯

人们会好奇，小偷蚁和红蚁都是蚂蚁，为何小偷蚁会偷吃红蚁的幼虫和蛹呢？这是因为蚂蚁的群居社会是一个母系社会，小偷蚁也不例外。蚁巢中除了蚁后，雌蚁统治着整个蚁巢的正常运作。芬兰生物学家认为，蚂蚁世界可以说是一个“姐姐”吃“弟弟”的悲惨世界，蚁后产下的卵中，雄卵和雌卵的数量几乎相同。而研究人员却发现蚁巢内雌蚁比雄蚁多好几倍，这说明雄卵在幼虫期之前肯定遭到了不测。但若整个蚁巢遭到袭击，为何只有雄蚁牺牲呢？问题一定出在巢内。生物学家指出，为了保持性别比例平衡，延续种群遗传优势，雌蚁消灭了雄卵，雌蚁可能通过对蚁卵表面化学成分的认识来辨别雌雄，而雌卵不会受到伤害。基于这种习惯的延续，蚂蚁不但会消灭掉同种的蚁卵，也会吃掉其他种群的幼虫。小偷蚁就是典型代表，它们俨然已经将这种本领发挥到了极致。

▼红蚁

乌鸦：“职业惯偷”

我们家族里的成员个个都是“职业惯偷”，连亲戚也不放过。俗话说“出来混，总是要还的”，为了降低自身的利益损耗，我们也想出了很多“反扒”手段。至于为什么我们连不能吃的眼镜框、钥匙、钢笔都偷，这个连我们自己也搞不懂啊。

具有“超常”智慧

动物学家发现，在乌鸦群中，偷食现象极为普遍。当一只乌鸦幸运地找到很多食物时，即使它拼命吃，也会有不少“剩余物资”。这时，别的乌鸦就会一哄而上，试图偷走多余的食物。有趣的是，乌鸦行窃时会采取两种策略：一是摆出咄咄逼人的架势，气势汹汹地追逐和啄食对方，强行霸占对方的食物；二是悄无声息地靠近正在进餐的乌鸦，在美味佳肴上啄一口，一点也不惊动进食者。乌鸦采用哪种偷食策略，主要取决于行窃者和进食者的亲缘关系：第一种情况大多发生在没有亲缘关系的乌鸦之间，而亲属间大多采用比较温和的第二种方式。

“小偷”反哺

乌鸦大约是名声最差的一种鸟了，常被人视为不吉利的象征。这是因为它们黑色的羽毛给人以压抑的感觉；单调刺耳、聒噪不停的鸣声令人烦躁；而不怕人、爱食腐肉的习性又使人厌恶。此外，它们的“狡猾”和“灵性”往往令人大惑不解，由此人们会产生某种敬畏感。

其实，乌鸦不仅专以害虫为食，而且在鸟类中数乌鸦最孝敬父母，当它知道年老的父母遭难受伤，或力竭体衰时，就到处寻找食物，送到父母的嘴边，自己宁忍饥渴，古书称之为“反哺”，称赞乌鸦“愿乞终养”，就是说它甘愿为失去劳力的父母采食养终，回报养育之恩。

▲进食的乌鸦

乌鸦具有“超常”的智慧，其感知能力非常高，即使与黑猩猩、大猩猩等灵长类动物相比，也毫不逊色。有些乌鸦发现其他鸟把食物藏在某个地方，它们就会去偷；有些乌鸦具有偷食的经验，也怕自己的食物被别的鸟偷去，还学会了防盗，在自己储存食物时总是小心掩盖以防其他动物发现；有的乌鸦会总结自己做小偷的经验，去了解、观察其他小偷的行为，然后找一个最安全的方法来保护自己偷来的食物，具备了反盗窃的能力；还有的乌鸦在掩藏食物时偶尔被别的鸟看到了，它会不动声色，等那只鸟走了，它就会“抽空儿”秘密返回掩藏地点，偷偷地将食物转移。

偷窃行为令人费解

除了乌鸦之间的“偷窃”外，它们还喜欢进入人们家中“偷窃”。例如渡鸦常常袭击一些家禽、家畜，对此尚好理解。但是它们还入室偷衔眼镜框，这就令人费解了。曾有一只乌鸦，是被人驯养的，它的主人很爱它，但它却老是搞些淘气的事：主人吸烟时，它从主人口中抢去香烟，将香烟埋在泥土里；它还偷肉片等食物，然后将其藏在主人的长靴、大衣口袋及皮手套里；它叼走钥匙，飞到屋顶上，将钥匙抛进烟囱中；它偷走手表，将手表埋进肥料堆；它还偷隔壁人家的钱袋和眼镜，偷办公室里的钢笔和钢笔尖……在印度，也有过小嘴乌鸦偷手套、手帕、化妆粉盒、发带等东西的报道。至于乌鸦为何偷东西，其行为的生理机制是什么，目前还没有全面的解释。

阿德利企鹅：绅士也做贼

物以稀为贵，这句俗语在动物界也行得通。在我们企鹅眼里，用来筑巢的小石子比人类的钻石还金贵着呢。钻石对于人类来说只是装饰性的奢侈品，对我们来说却是生产生育的必需品。因此，当这个在冰天雪地的南极洲如此稀缺的宝贝很不容易弄到手时，就出现了绅士也做贼的狼狈现象。

偷窃成性的“假绅士”

生活在南极的阿德利企鹅的爱情生活是循规蹈矩的，它们严格实行“一夫一妻”制，并且对爱情十分专一。它们的求偶方式十分有趣，对爱情的追求也颇有一股不达目的不罢休的执着精神。

阿德利企鹅一旦发育成熟，到了择偶期后，雄企鹅首先潜入深水部位，遨游数千米乃至数十千米，去寻找求爱的礼物——卵石。因为在不毛之地的南极，雄企鹅只有靠卵石架巢，求爱的信物也只有卵石。但要在冰天雪地里给自己的“意中人”找到一个光洁的卵石却绝非易事。雄企鹅往往以顽强的毅力沿着海岸慢慢地徘徊一天至数天，才能找到理想的礼

▲ 阿德利企鹅喂食

▲阿德利企鹅

物，于是如获至宝地拾起，虔诚地奉献到雌企鹅的脚下，然后退几步站立在一旁观望，等待着对方的应答。

如果雌企鹅接受雄企鹅的追求，它们会找一片比较安全的营巢地筑巢，建巢时企鹅夫妇的分工很明确，雌企鹅负责建巢和护巢，雄企鹅供应食物与建筑材料的卵石。雌企鹅对卵石十分挑剔，往往要经过千挑万选才肯“收货”。卵石随着企鹅群的不断集中越来越少，甚至供不应求。

阿德利企鹅喜欢群集繁殖，企鹅巢间靠得很近。这时候，这些温文尔雅的企鹅就起了坏念头，去偷邻居的小圆石，它们先是若无其事地靠近邻居的巢，趁邻居不注意时，便闪电般用嘴衔起一块卵石慌忙放到自己的巢内，然后装出一副若无其事的样子继续做自己的筑巢工作。在偷窃时，若被邻居发现，它便会像触电一样，立刻缩回脖子，然后装出像在欣赏什么似的，目不转睛地盯着一个地方，那样子真是又可气又可笑。为什么说它们偷窃成性呢？它们一旦有了“偷”的念头就很难打消，因此，在偷不到时就抢，抢一块便跑，这时候，免不了一场风波，它们互相追逐，竞相捉拿小偷，顷刻间所有的企鹅都会放下平日绅士的架子，开始相互偷窃小圆石，有的发现自己的小圆石被偷走后，还会大打出手，互相啄咬起来，整个营巢地乱成一片，久久不能平息。

一夫一妻

阿德利企鹅是数量最多的企鹅之一，可在南极见到大规模的群体，游荡于南极有浮冰的水域。阿德利企鹅的配偶关系非常强烈，通常每年繁殖期都是同一个配偶。企鹅夫妇彼此记得对方的叫声，靠着叫声来找到对方。每年春天，阿德利企鹅就从大洋中返回繁殖地，它们越过积冰到达大陆，在行军中遇到冰层阻挡，能垂直高跳2米，跳上浮冰继续前进。雌企鹅每次产2枚蛋，由雌企鹅孵蛋，孵蛋期为两个来月，通常只有一只小企鹅成活，小企鹅2个月大即可下水游泳。很多企鹅常常会聚在一起共同提防海燕及贼鸥偷袭自己的蛋及小企鹅。

含辛茹苦的好父母

偷窃成性的假绅士——阿德利企鹅建好巢后，开始交配，一般来说，企鹅的交配是非常困难的，它们圆圆的身子表面非常光滑，因此，雌企鹅要一动不动，这样雄企鹅才可以趴在它身上不至于掉落，它们的交配时间只能持续三分钟。之后雌企鹅产下企鹅蛋，它已经挨饿两三个星期了，这时雄企鹅便接班伏窝，让雌企鹅去饱餐一顿。两星期以后，雌企鹅回来孵卵，让饿了五六个星期、体重起码减轻一半的雄企鹅去找东西吃。

小企鹅孵出以后，父母则是轮班去寻找食物喂养它们，企鹅爸爸妈妈把找到的食物藏在喉咙下的嗉囊里，回巢以后，张开嘴巴，让小企鹅把头伸进去吃那些已经初步消化了的食物。等小企鹅成长到一个月以后，父母就把子女送去“托儿所”。可见阿德利企鹅虽然对邻居而言是不择手段的“小偷”，但对自己的子女绝对是含辛茹苦的好父母。

袋鼠：胆大包天的“背包客”

因为我们家族的女同胞个个都是“背包客”，所以，我们就难免要顺手牵点“羊”。不过，我们的这种行为可不是偷偷摸摸，而是正大光明。为什么我们的胆子如此大呢？因为我们根本不担心被赃物的主人给捉拿到。想要追撵我们，难度不小呢。要知道我们可是世界跳远竞赛中的常胜冠军。

随身口袋，行窃便利

袋鼠是澳大利亚著名的哺乳动物，以腹部的育儿袋而闻名。但谁也没想到，这个育儿袋又有了一项新用途——偷窃时充当盛放“赃物”的工具，袋鼠时时都随身携带着这一得天独厚的作案工具，这就给它们的偷窃带来了不少便利。

因为有口袋的原因，比起雄袋鼠来，雌袋鼠更便于行窃。雌袋鼠偷东西得手后，将赃物装在口袋内，快速逃跑。即使有人追来，它们也不怕，因为赃物装进袋口向上的育儿袋就好像放进保险箱一样安全，而且它们在逃跑的时候是跳跃式的前进，身体始终保持直立，无论怎样奔跑也不必担心赃物会滑落。因此，雌袋鼠偷东西

▲小袋鼠在育儿袋里被抚养长大，直到它们能在外部世界生存。

▲袋鼠前肢短小，后肢特别发达，常常前肢举起，后肢坐地，以跳代跑。

一旦得手，除非人们捉住它，否则休想把东西再找回来。

一般情况下，袋鼠偷了东西后跑掉的概率是很高的，因为它们是跳远冠军，腾身一跃就是7米多。所以袋鼠逃跑的速度惊人的快。雌袋鼠要比雄袋鼠跑得更快。它的速度可以达到每小时60多千米。而雄袋鼠每小时只能跑50多千米。此外，袋鼠的耐力也很强，它能够连续不断地高速奔跑40分钟以上。

育儿袋引发的医学

这个便于袋鼠行窃的口袋原本是著名的育儿袋，这种能够用来哺育小袋鼠的口袋可是有着相当大的玄机的。首先育儿袋是恒温的，可以确保刚生下来的小袋鼠有温暖的体温；其次，育儿袋内有数个乳头，使得小袋鼠能获得足够的营养继续发育。

袋鼠妈妈奇妙的育儿方法还引起了医学家的兴趣。1984年，两位美国医生从袋鼠的育儿方法得到启示，发明了一种养育早产婴儿的新方法。早产婴儿的生活能力很差，过去都是放在医院的暖箱里养育的。没有暖箱，早产婴儿很容易死亡。这两位医生做了一个可以放在妈妈胸前的人造育儿袋，将婴儿放在育儿袋里，既温暖，又能及时吃到妈妈的奶。而且，婴儿贴着妈妈的身体，听着妈妈的心跳，生活能力可以大大提高。

明抢暗夺的
动物“强盗”

蓄奴蚁：富贵的“奴隶主”

我们这个家族的成员生性好战、嗜血。除了善于打仗之外，我们别无长处，还四体不勤，五谷不分。可是日常的生活根本不需要“战士”，更需要的是“工人”。你肯定好奇我们这个王国是怎样维持日常生活运转的吧？很简单，我们“扬长避短”——将战争中俘虏来的奴隶供我们役使。我们只要安逸地做我们的“奴隶主”就行了。

暴力抢劫

蓄奴蚁的日常生活完全依赖奴隶蚁，奴隶蚁对于它们来说至关重要，所以它们一生最重要的活动就是暴力抢劫。因此蓄奴蚁在作战抢劫奴隶时，往往异常矫健和勇猛。它们的世界是一个永远充满战争的世界，这个古老的种群在地球上已经生存了大约一亿年。

蓄奴蚁专干掠夺别的蚂蚁来做自己奴隶的勾当。它们先是派出侦察员通过丰富的食物垃圾发现所要进攻的蚁群目标，然后就冲进去杀死守卫的兵蚁，然后从腹部分泌出一种信息激素，大队蓄奴蚁便蜂拥而来，随后在蚁群之间爆发了激烈的战斗。蓄奴蚁用它们那锋利的针形喙刺穿战败者的脑髓，立即杀死它们。

当蓄奴蚁的大军占领了对手的蚁巢，成年的战败者不被带走，蓄奴蚁要的是那几千只幼蚁卵。当回到自己的窝，这些幼蚁卵则被交给以前被掳掠来的奴隶蚁看管。先来的那些奴隶蚁可能大部分来自同一个蚂蚁群落，因为蓄奴蚁对某些奴隶蚂蚁有着偏向性的喜好。

蓄奴蚁从不完全毁灭它们所劫掠的蚁群。相反，蓄奴蚁们似乎很懂得可持续发展的道理，它们总是留下足够的成年蚂蚁和年轻蚂蚁，以保证今后仆人的供应来源。

随着被抢来的蛹的长大，不认得回去的路，只能给蓄奴蚁当奴隶了。渐渐地，年轻的奴隶蚁带上了蓄奴蚁群落的气味。它们就像在自己的群落中一样勤劳。这些可怜的蚂蚁奴隶专门从事搬运食物、建筑仓库、修巢铺路、挖掘地道等工作，还有的则在育儿室里当“保姆”，为主人饲养小蓄奴蚁或孵化劫掠来的普通蚁蛹。这些蚂蚁奴隶从不反抗，忍辱负重地干活，直至死亡。

依赖奴隶

蓄奴蚁由于长期过着衣来伸手，饭来张口的“剥削”生活，懒惰成性，它们竟然失去了独立的生活能力。这些懒汉，如果没有“奴隶”蚁去伺喂它们，即使食物就在眼前，它们宁愿饿死也不肯自己张口取食。像造巢、抚幼、觅食、清洁这样的工作，它们更是懒得去做。可是不做这些工作，蚁群是无法生存下去的。

于是这些强悍而又懒惰的蓄奴蚁便打起了别人的主意。它们向邻近的其他蚂蚁发动了进攻，闯入其他蚂蚁的蚁巢，将其他蚂蚁的幼虫和蛹抢夺到自己的巢里来。这些幼虫和蛹在蓄奴蚁的巢中长大以后，就成了蓄奴蚁蓄养的“奴隶”。这些“奴隶”专门替蓄奴蚁做它们不愿意做的种种繁重

▼ 蜜蚁

工作。由于蚁奴寿命不长，为了补充“劳动力”的不足，蓄奴蚁要不断发动战争，去抢掠“奴隶”。在长期的战争生涯中，蓄奴蚁变成了一种十分强悍的蚂蚁，而且在它的蚁群中，不像其他蚂蚁群那样，既有专门负责打仗的兵蚁，也有专管造巢、觅食、哺育幼虫的工蚁，而是所有的工蚁都变成了兵蚁。

在美国有一种蓄奴蚁被称作蜜蚁，藏在五米深的地下，它们是蓄奴蚁中最为奇特的一种。它们畜养着一种功能特化了的工蚁，并且完全依靠这些工蚁作为食物来源。这些工蚁原本是蓄奴蚁从邻居的巢穴里偷来的奴隶蚁，叫作“仓库”，因为它们就像活的贮藏库，专门用来储藏其他的兵蚁从各地采集的花蜜。

在缺食少粮的冬季，整个蚂蚁群落就靠食用这些“仓库”从鼓胀的腹部反刍出来的蜜为生，在这些“仓库”黑色的液囊里还有许多蓄奴蚁生存所必需的蛋白质、脂肪、葡萄糖和果糖等营养物质。另外，对于生活在干燥地区的蚂蚁来说，储存水尤为重要，这对于蜜蚁来说也不成问题，因为颜色淡一些的“仓库”里就贮存着含有微量蔗糖的水。

军舰鸟：仗势欺“鸟”

“军舰鸟”这个洋气的名字，跟我们的脾性甚为契合。“军舰”在中世纪的西方表示的是海盗们使用的一种架有大炮的帆船。这种船航速很快，而我们在海鸟界的飞行能力也是数一数二。另外，我们跟海盗也有些瓜葛，因为我们是同行。

出色的“飞行家”

军舰鸟是一种较大型的热带海鸟，身体长75~110厘米，翅长而强，双翅展开可达2米左右。它们全身羽毛黑色，嘴很长而且有钩，尾是叉形的，像两把对插的利剑。当雄军舰鸟吸引雌鸟的注意力时，它会把咽部充满气体，形成一个色彩鲜艳的大气囊。它们那直挺挺、胖乎乎的样子可爱十足。样貌可爱的军舰鸟怎么会落草为寇呢？它们所拥有的出色的飞行能力，在很大程度为它们成为“空中强盗”助了一臂之力。

军舰鸟飞行疾速而迅捷，捕食时的飞行时速可以达到400千米，是世界上飞行速度最快的鸟类之一。飞行的持久力也很强，是非常出色的远距离“飞行家”。它们的飞行高度可达1200米左右，还常常飞到1600千米以外的地方去觅食，最远处可达4000千米。这是因为它主司飞行的胸肌和飞羽都非常发达，几乎占体重的一半。它

◀军舰鸟展翅飞翔。

常常展开狭长的翅膀，很轻松地在海洋上空的蓝天中翱翔，在天空气流的旋涡内或翻转，或盘旋上升，有时直冲1000多米的高度，再迅速地由空中直线下降。如果遇到12级的飓风，其他鸟类早已被吹得晕头转向，可是军舰鸟却能在狂风中旋转而下，安然降落，不受任何损害，以绝对优势成为海鸟中的佼佼者。它们凭借着高超的飞行能力在海上做起了强盗的营生。

▲军舰鸟的咽喉部有喉囊，雄性为红色，雌性为白色，用以暂时贮存所捕食的鱼类。

名副其实的“强盗”

军舰鸟白天在海面上飞翔，夜间则栖宿在岸边或岛屿上的树林之中。它的食物主要是海中的鱼和水母等软体动物，捕食时，能贴在水面上飞行，追逐漂浮在水面上或飞出水面的鱼类。虽然能够自己捕食，但它却更多地采用强抢的方法，在空中劫掠其他鸟类，特别是红脚鲣鸟所捕获的鱼类。它先是在高空中盘旋巡视，一旦发现红脚鲣鸟在水中捕到鱼类，并衔起飞翔时，立即俯冲下来进行攻击，用喙啄咬红脚鲣鸟的尾部，或用双翅猛烈扑打，迫使红脚鲣鸟在不堪忍受疼痛的情况下，不得不张口吐出已经获得的猎物，或者被攻击得惊慌失措，吓得把猎物扔掉，军舰鸟则趁机在瞬间准确地把将要落水的鱼叼住，使之成为自己口中的美餐。由于军舰鸟有“抢劫”行为，人们贬称它为“强盗鸟”。

军舰鸟之所以掠夺其他鸟类的食物，也是一种自然选择的结果。军舰鸟非常喜欢吃鱼，但它的脚上没有蹼，无法像其他吃鱼的鸟类那样，在水面上游泳捕捉鱼，此外它的羽毛上油脂也很少，无法潜水，所以它只能守株待兔般地等待着那些跃出水面的鱼，双眼紧盯水面，只要一有鱼跃出水面，它就会以箭一般的速度俯冲下去，准确无误地用爪子将鱼抓住。但是靠这种方式所能捕获的猎物实在有限，而且军舰鸟很懒惰，不愿意亲自动手去捕鱼，所以经常食物短缺，这样它就只能用抢来取得食物。只要看到有抓到鱼的鸟，它就凭借自己高超的飞行技能，俯冲下去攻击这个可怜的家伙，直到对方将鱼丢掉，在鱼滑落的一瞬间，军舰鸟再飞速下去将鱼接住，马上吃掉。

白头海雕：坐收“渔利”

爱美是我们家族成员的天性。如果哪天我们不梳理一下自己的羽毛、涂点油，我们这一天就不算一天。在美容上我们花费的时间比捕食还多。你肯定会问我们是不是经常饿肚子？不，我们是美容跟健康两不相误。为什么这么说？呵呵，坐收“渔利”是我们一贯的态度。

酷爱梳妆，没空捕食

白头海雕是世界上最大的猛禽之一，它们生活在河湖和海岸边，主要以鱼为食，有些时候也吃其他鸟类。白头海雕有一身独特的羽毛，一只健康的成年个体有7000多支羽毛。它们每天都要花费大量的时间对自己的羽毛进行清洗保养，即整理羽毛。

白头海雕的尾部长有一个特殊的腺体，这个腺体在受压时会分泌出油状液体，只要一有空闲，白头海雕就把这种液体涂在羽毛上，细心地给自己的羽毛进行一次彻底的梳洗打扮。有了这种油液就能帮助羽毛防水、保持羽毛的整齐。待把所有羽毛梳洗完毕之后，它们会使劲摇摇身子，抖落松动的羽毛，也令其他羽毛各归其位。彻底清理一次羽毛要花很长时间。

也许正是因为白头海雕如此爱美，所以没有那么多时间用来捕猎，才促使它们干起了“抢劫”的营生，久而久之，它们发现当“强盗”既可以填饱肚子，又能够腾出大把的时间梳洗打扮，何乐而不为呢？

当然，之所以能够成为“强盗”，这和它们那凶猛的爪子也是分不开的。白头海雕有四个足趾，三个在前，一个在后。足趾顶端长有长而弯曲的爪。这些爪尖利如刀，是它们最厉害的武器，甚至比那钩状的喙还

▲ 白头海雕

要危险。其中最有力的是后足趾和后爪。当它们捕获猎物时，后爪就会深深地插入猎物体内，不费力地刺穿要害器官，比如心脏和肺部。

眼睛锐利，半路抢劫

“强盗”白头海雕不愿亲自动手捕食鱼类，经常采用“半路抢劫”的手段获取食物，被抢劫的对象主要是有名的捕鱼能手——鹗。由于鹗的体形比白头海雕稍小，所以当鹗在水中捕到鱼，准备飞到树杈上进食的时候，白头海雕往往会突然半路杀出，向鹗发动迅猛的攻击，迫使鹗将口中的食物抛弃，白头海雕则立即在空中将食物叼住，使其成为自己的美餐。

白头海雕能够精准地打劫到猎物，这和它们的锐利之眼有着莫大的关系。白头海雕视觉的清晰度超乎寻常，比人类的清晰三倍，白头海雕良好的视力使它们能够更容易瞧见猎物的藏身处。有些东西在高空俯视，人类看到的是一团米色的皮毛，而一只白头海雕却能清清楚楚地分辨出那是五只颜色各异的小松鼠。

白头海雕所具有的卓越视力完全要归功于那双大眼睛。它们的眼睛实在太大，眼部的肌肉几乎没有活动的空间，所以它的眼睛无法自由转动。为了弥补这个缺点，白头海雕的颈部便可以灵活地活动。雕能将头部转动270°——也就是四分之三个圆！

白头海雕和其他鸟类一样，它们的双眼各长了一层特殊的眼睑，叫作瞬膜。这层眼睑能使眼睛保持湿润，替眼睛挡住刺激。此外，白头海雕眉骨突起，这种突起和瞬膜的作用一样，也可用来遮护眼睛而不受阳光刺激，还能挡风避尘。突起的眉骨同时也可以让白头海雕的眼睛免受挣扎猎物的伤害。

贼鸥："海上飞贼"

生存环境恶劣，我们不敢对食物挑剔，有什么就吃什么。然而，还是会饿肚子。那怎么办呢？只能向"富户"打劫了。干上了强盗这行，难免手段残忍，但这也是没办法的事，我们也是为了生存啊。谁让自然界就是这样的弱肉强食呢！

生性彪悍

贼鸥好吃懒做，不劳而获，它从来不自己垒窝筑巢，也不下海捕鱼，而是采取霸道手段，专门抢劫鸟巢、攻击雏鸟。有时，甚至穷凶极恶地从鸟、兽的口中抢夺食物。

贼鸥是企鹅的天敌。在企鹅繁殖的季节，贼鸥经常出其不意地袭击企鹅的栖息地，叼食企鹅的蛋和雏企鹅，闹得鸟飞蛋打，四邻不安。

雪白的鹈鸟是性情温顺、擅长捕鱼的海鸟。当鹈鸟捕到鱼，赶着回窝去喂等食的小鸟时，几只贼鸥就会蹿出来拦住去路，"飞贼们"靠着它们速度快、来势猛的优势，抓住鹈鸟，用翅膀狠命抽打。鹈鸟不是贼鸥的对手，只好"留下买路财"，把嗉囊里的鱼乖乖吐出来。贼鸥就抢吃鹈鸟捕获的鱼。鹈鸟则乘机逃走，只得再去海上捕鱼。

海豹的幼仔一身白毛，这本来是掩护它们孱弱生命的保护色，避免其他动物对它们的伤害，可是它们却逃不过贼鸥的眼睛。贼鸥在母海豹下海捕食时，认准弱小的豹仔，猛然从空中降落。它们用尖利的嘴、有力的翅膀，一阵猛啄猛打，海豹仔便血肉模糊，成为贼鸥的战利品了。其实贼鸥食量并不大，可大开杀戒是它的本性，饱餐一顿后就又去寻找另一个发挥凶残本性的战机。

贼鸥能够如此嚣张地掠夺、抢劫自然离不开它们高超的飞行技能。贼

▲贼鸥经常将巢建于企鹅群居地附近，耐心地等待攫取无亲鸟照顾的雏鸟或卵的机会，图中这只贼鸥正在取食一枚企鹅卵。

鸥每年往返南北极地区，要飞行四万多千米，是鸟类中远距离飞行的冠军。目前，人们正在驯养它，想把它驯养成通信鸟，以便担负极地通信任务。但这是一项困难的任务，因为首先得改掉它彪悍的“强盗”性格。

“贼”性难改

由于极地生存条件恶劣，贼鸥的食物本来就很有限，而且它们又懒惰成性，所以它们对食物的选择并不十分严格，不管好坏，只要能填饱肚子就可以。除鱼、虾等海洋生物外，鸟蛋、幼鸟、海豹的尸体和鸟兽的粪便等都是它的美餐。它们一填饱肚皮，就蹲伏不动，消磨时光。

在南极的冬季，有少数贼鸥在南极的岛屿上越冬。那里到处是冰雪，不仅在夏季几个月里裸露的那些小片土地被雪覆盖，而且大片的海洋也被冻结。这时，贼鸥的生活更加困难，没有巢居住，没有食物吃，也不远飞，它们特喜欢待在中国南极长城站附近，靠吃站上的垃圾过活，队员们丢弃的剩余饭菜和垃圾成了它们的美味佳肴。它们甚至钻进考察站的食品库，像老鼠一样，吃饱喝足。科学考察者带来的整箱冻肉，通常会埋在雪堆里贮存起来以备后用，它们就整天围着这个雪堆飞转，有的还用嘴啄雪，试图扒出冻肉。贼鸥真是“贼”性难改。更可恶的是，贼鸥还会抢走野外考察队员随身所带的野餐食品，碰到这种情况，人们只能望空而叹。

杜鹃：最“诡计多端”的鸟

我们爱占便宜的秉性已经写进了史册，成语“鸠占鹊巢”就是最好的明证。我们家族里的妈妈们，大概是最省心省事的解放者，它们不需要对儿女付出任何母爱，就可以在儿女度过童年期后，上“养父母”家门来领走自己的娃。

偷偷寄养子女

杜鹃是一种既不会筑窝，又不会孵蛋，更不会喂养幼鸟的鸟类。当雌杜鹃快要产卵时，它到处找别的鸟类的巢。当它发现别的鸟窝里已经有蛋时，就会趁鸟巢主人离开的时候，飞到里面生下自己的蛋，然后再取走一个蛋，使鸟巢里的蛋数目不变。

杜鹃蛋和原来的鸟蛋混在一起，看起来很相似，被骗的鸟妈妈哪里知道，自己的一只蛋已经被偷换过了。它辛苦地孵着蛋，可最先出壳的，却总是小杜鹃。小杜鹃不但抢先占有了鸟妈妈的喂食，而且它的性情还很暴躁，会出于本能地把巢里其他的蛋，一个个推挤出鸟巢，甚至连已经出壳的小鸟，也会被这个外来的“哥哥”从树上的鸟巢里挤落到地上摔死，即使不摔死，最后也被饿死。糊涂的鸟妈妈居然一点也不心疼自己的“亲生骨肉”，仍然一心一意地喂养着“养子”小杜鹃。

小杜鹃一天天长大了，它的胃

孵　蛋

鸟类产卵后，伏在卵上加温的习性，称为孵卵。孵卵多由雌性进行，但也有雌、雄交替孵卵的（如鸽、海鸥），个别的仅由雄性去完成孵卵任务（如彩鹬）。热带地方的鸟类有的不孵卵，而是将卵埋在沙中或腐殖土中使之自然孵化。

口越来越大，鸟妈妈只能更加忙碌地捉来更多的虫子喂养它。大约30天以后，小杜鹃就长成了比鸟妈妈大得多的“巨型婴儿”。

很快，小杜鹃的羽毛长齐了，能够飞离巢时，它的“亲娘”会不误时机地赶来，落在附近的树枝上，一声声地叫起来。小杜鹃听到这种叫声，本能地知道亲生母亲在召唤它，便纷纷闻声飞去，随着雌杜鹃一起飞走，鸟妈妈莫名其妙地当了一回“义务保姆”，只能暗自伤心了。

幼鸟提前孵出

“鸠占鹊巢”这个成语典故就源于杜鹃臭名昭著的育儿诡计，让人好奇的是，杜鹃的幼鸟为什么能够比其他幼鸟提前破壳而出呢？

最近一项研究给出了解释，杜鹃的行为之所以能够成功，是因为杜鹃妈妈在下蛋时就让幼鸟赢在了起跑线上。英国研究人员报道，与别的鸟儿相比，杜鹃会先将蛋留在体内孵化一段时间，这样杜鹃幼鸟破壳而出的时间就会比其他鸟类更早，从而获得竞争上的优势。据介绍，相关理论已经存在了很长时间，但之前一直没有获得实验证据。

研究人员通过实验发现，通常鸟儿孵蛋的温度约为36°，但鸟儿体内的温度约为40°，如果鸟蛋在温度更高的体内环境中多停留24小时，那么其孵化时间可以提前31小时。实验还显示，如果将其他鸟蛋也置于类似环境中，幼鸟破壳而出的时间就会和杜鹃的幼鸟差不多。通常鸟儿很难将已经成形的蛋留在体内太长时间，只有杜鹃妈妈具有这种特殊的能力，能够让成形的蛋在体内先孵化24小时。这样，再把蛋下到别的鸟巢里之后，杜鹃幼鸟就会提早孵出，并赢得时间把原有的鸟蛋挤出巢外。这种做法是杜鹃拥有“鸠占鹊巢”能力的重要原因。

▲一只苇莺正在给杜鹃喂食。杜鹃因为会模仿寄主雏鸟的声音，不断发出“唑唑唑唑”的乞食鸣声，使得寄主不断为其服务。

另类求生的
海底精灵

庞贝蠕虫：喜欢泡个温泉澡

我们家族里的成员天天喜欢泡温泉，没得温泉泡我们还活不了。如此耐高温的本事，引得科学家正怀着无比巨大的热情对我们进行研究。相信未来受我们的启发，人类可以生活得更好。这也是每一个生物体的心愿——共生共存，相依相存。

金刚不坏之身

几乎所有的真核生物都无法忍受60℃以上的温度，唯一例外的是毛茸茸的庞贝蠕虫，它们能够耐高达80℃的水温，甚至能够在176° 的沸水中进行繁衍。

在东太平洋海底地壳活动带上有许多海底热泉。有些热泉在冒出地面时会在出口处形成烟囱似的石柱。从“石头烟囱”里冒出来的热液，温度常常能超过100℃。庞贝蠕虫就生活在这种沸水环境里。它们用分泌物在“石头烟囱”的岩基上堆起一条细长的管子，就像珊瑚虫一样，身体就蛰居在里面，生物学家们通过水下仪器观测到，这些蠕虫有时会爬出来在四周游荡。经测量，那里的中心水温高达105℃，但专家们仍不敢相信，像蠕虫这样的高级生物，竟能生活在如此

▲庞贝蠕虫

高温的环境之中。

于是专家们猜测庞贝蠕虫可能有一种特殊的隔热本领，就像消防服和宇航服那样能保护身体免受高温或真空环境的伤害。可是研究表明，庞贝蠕虫并没有这样的天然防护机能。于是他们又猜想，或许“石头烟囱”周围的温度并没有那么高，就像冬季烤火，离铁皮烟囱稍远一点，就不会感到太明显的热度一样。

直到1995年，美国生物学家利用深海潜水器下潜到海底，仔细查看了三根冒着热液的“石头烟囱”，外壁上密密麻麻地长满了庞贝蠕虫的白色石管，它们的尾部附着在“石头烟囱”上，观察人员用一根特制的温度计测量了温度，结果证实温度值在80℃～100℃，这一结果推翻了生物专家们此前的猜测，并证明了庞贝蠕虫是目前世界所知最耐高温的动物。

真核生物

真核生物是指由真核细胞构成的生物。真核细胞内含有细胞核（细胞内由膜包围的细胞器，是遗传物质贮存、复制和转录的场所），因而得名。真核生物包括所有动物、植物、真菌和其他具有由膜包裹着的复杂亚细胞结构的生物。

细菌保护层

那么庞贝蠕虫靠吃什么为生呢？原来它与珊瑚虫一样，是一种共栖动物，与它“相依为命”的主要是一种丝状细菌，它们依存在庞贝蠕虫的背部，庞贝蠕虫能分泌出一种黏液，这些附着在它们身上的细菌就是以这种黏液为生的，所谓“世上没有免费的宴席”，既然细菌吃了庞贝蠕虫分泌的黏液，那一定也会给它们带来好处，也许细菌对庞贝蠕虫起到一种保护层的作用。

现在科学家们正以极大的兴趣对庞贝蠕虫进行深入的研究。他们认为这些细菌可能含有一种酶，如果经过进一步研究，确定这种酶的存在后，将可以应用于生产食品、纺织品、纸、清洁剂和药品等。

“小飞象”章鱼：不生“吸盘”生“电灯”

因为我们长得像动画片中的“小飞象”，就得了个这样的名字。我们跟大多数章鱼都不一样。除了长着两只“翅膀”外，我们原本生“吸盘”的地方，不再生“吸盘”了，反而亮起了“小电灯”。

另类“飞行”

2009年，海洋生物学家在大西洋海底约1600米处发现了一种奇特的八足类生物——章鱼，此前在这一深度的海底很少发现章鱼，因为深海底高压的状况不适宜生存，甚至多数潜艇抵达深海底时受强压力的作用，都会像拖拉机辗过的饮料瓶一样被压扁，因此存活在如此恶劣的深海环境中的章鱼是目前最珍贵稀少的章鱼种类。

这种章鱼的相貌很特殊，它长着两个大的“耳朵”和一个长“鼻子”，同时，这两个大“耳朵”也极像是一对翅膀，这些都是人们的想象，实际上这些突出物是章鱼的鳍，帮助它们在极深的海水中自由游动。由于其外貌酷似迪士尼动画片中的小飞象，所以科学家将这种奇特生物命名为“小飞象”章鱼。“小飞象”章鱼身长约2米，重约6千克，是迄今为

▲小飞象章鱼

止发现的软体动物家族中体形最大的成员。

“小飞象”章鱼不但机智而且很灵巧，当它们遇到敌害时，能利用自己身体肌肉进行的水流喷射产生的反作用力来前进，速度能达到每小时40千米。

发光器代替吸盘

普通章鱼有8个腕足，腕足上布满了吸盘，这些吸盘不但可以在捕食时用来吸紧猎物，还能够给章鱼提供四周的信息情报呢！章鱼的腕足吸盘吸力特大，只要一条章鱼紧贴在礁石上，两人同时用力也休想移动它。

章鱼的吸盘功能如此强大，那么如果章鱼没有了黏性吸盘，那么这将是它致命的缺陷。但“小飞象”章鱼却没有吸盘，不过“小飞象”章鱼却聪明地弥补了这一缺陷。它们是如何弥补的呢？

在普通章鱼身上长有吸盘的地方，“小飞象”章鱼长的却是一种耀眼的发光器官。它们巧妙地利用这种发光器官来引诱捕食目标或吓退入侵者。“小飞象”章鱼以某些小型甲壳类动物为食，这些甲壳类动物常常是被“小飞象”章鱼的光线吸引而来。

一旦发现猎物靠近，“小飞象”章鱼就会立即抓住它，并通过身体所产生的一种黏液网困住对方。美国科学家还观测到，当“小飞象”章鱼被打扰时，它们会张开自己的腕足，尽可能地展露出所有的发光器官，试图吓唬不速之客，使它们尽快离开。

冷光与照明

自从人类发明了电灯之后，生活变得方便、丰富多了。但电灯只能将电能的很少一部分转变成可见光，其余大部分都以热能的形式浪费掉了，而且电灯的热能在许多易燃易爆场所时常引发事故，非常危险。那么，有没有只发光不发热的光源呢？人类又把目光投向了大自然。人们惊喜地发现生物冷光本身无热，所以没有爆发火花的危险，在油库、炸药库、矿井等易燃易爆场所，用其做照明光源最为理想，因此被称为“安全之光”。小飞象章鱼发出的光就是这样一种“安全之光”。

“小飞象”章鱼的发光器官，具备诱捕食物或吓退敌害的功能。生物学家认为，发光器官主要靠两种物质产生光，一种叫荧光素，另一种叫荧光酶。当荧光素被一定波长的光激发时就会产生光，而荧光酶则是一种催化剂，它能帮助荧光素与氧结合产生氧化反应，同时产生光。深海动物发出的光是一种不发热的“冷光”，由于发光动物含有的荧光素和荧光酶不同，因此发出的光的颜色也不同。

▲小飞象章鱼发出的冷光。

章鱼的智力

章鱼具有无脊椎动物中最发达的大脑。曾有科学家对章鱼做过一个试验，他们将食物放在一个有盖的玻璃瓶子内，放入章鱼的鱼缸。章鱼似乎懂得要打开瓶盖才能进食，它很轻巧地打开了瓶盖，享用了里面的食物。

在实验室中，章鱼可以被训练，使其能够快速地分辨不同的形状的物体。它们甚至可以分辨出镜中的自己。章鱼也被认为可能具有观察学习的能力，此外还似乎具有游戏的行为，章鱼甚至能够登上渔船，偷取上面的螃蟹。

科学家们认为章鱼几乎所有的行为都是由学习得来，而不是靠天生的本能行为。因为章鱼无法从亲代那边学习到任何行为，幼年的章鱼间也几乎无任何交流。

海蝴蝶：最另类的海螺

我们看起来像漂浮在海中的蝴蝶，所以得了这个美好的名字。你知道我们在生物学上的真实姓名叫什么吗？蟠虎螺。但我们跟海螺在外貌上又差了好远。我们已经不需要像海螺那样再背负着重重的壳，而且我们的脚渐渐演变成了“翅膀”。

有“翅膀”却不能飞

海蝴蝶是一种软体海生动物，因为它们的样子有点像蝴蝶，所以人们管它们叫“海蝴蝶”。海蝴蝶的个头很小，一般都在一厘米以内，虽然它们个头不大，却以其他小动物为食。它们虽然是海洋食物链中比较低端的生物，但却占据着北冰洋食物链中非常重要的位置。可以说，上至北极熊，下至海洋里的鱼类，都依赖于这种小家伙的存在。这就构成了“大鱼吃小鱼，小鱼吃虾米”环环相扣的食物链。

海蝴蝶和我们常见的蜗牛及螺壳类动物一样，都属于腹足纲，这类动物的足部长在肚子下面，而且特别发达，一般又都有一个螺旋状的壳。海蝴蝶的真名叫蟠虎螺，虽然说叫螺，但其实它们中有些已经没有壳了，有些虽然有壳，但壳却是纤细透明的。这是为什么呢？原来这与它们的生活

腹足纲

腹足纲是软体动物门中最大的一个纲，有10万种以上。遍布于海洋、淡水及陆地，以海生最多。从进化历史来看，水生早于陆生，海水生又早于淡水生。足位于躯体的腹面，故名。足一般用于爬行、游泳，有时借足的收缩而跳跃。除少数种类外，多具一枚外壳。外壳多呈螺旋形，雌雄同体或异体，卵生。

▲海蝴蝶

使等。

试验为期两年，结果不容乐观。最初，海蝴蝶身上的壳慢慢变得透明，继而变软、溶解。科学家们解释，当二氧化碳溶于水中，便会改变原本呈碱性的海水酸碱度，形成酸性的水体环境，这种酸性的水体

方式有关。海蝴蝶不像其他软体动物那样爬来爬去，它们在水中过着一种浮游生活，所以它们的足就慢慢变成了“翅膀”——两个翼状瓣（两个类似翅膀的结构），从足部伸出，通过连续拍打这对“翅膀”，海蝴蝶可以在水中游动。

二氧化碳杀死海蝴蝶

人类排入大气中的二氧化碳源源不断地渗入海洋，科学家们通过往不同的装置内注入不同量的二氧化碳，来评估过量的二氧化碳对海洋生态的影响。因为装置容量比较小，所以选取的多是北冰洋里的低等海洋生物，例如海蝴蝶、海蝴蝶的天敌——海天

环境能够降低碳酸钙的分泌能力，或者溶解掉原本的碳酸钙（海蝴蝶壳体的主要成分是碳酸钙），这种变化因时间和二氧化碳浓度而决定。对于面积辽阔的海洋来说，这种变化是循序渐进的，短时间很难被察觉出来。不过，对于南北两极的海洋来说，情况也许比其他地区的海洋更糟糕。因为两极海水温度较低，而二氧化碳在水中的溶解度是随水温的下降而增高，所以极地的海水容易吸收更多二氧化碳。这样海洋酸化的速度会更快。在科学家的研究装置里，海蝴蝶已在大批死去。在海洋中，这些美丽的海洋生物纷纷失去活力，缓缓地从水面沉入海底，已不再向上飞舞。

海笔：会发光的“鹅毛笔”

是笔不会写，似羽不能飞，生活在大海，会发“闪光功”。这就是我们，奇特而美丽的海笔。平常我们总是将长长的根插在沙土里，表面上看起来很像欧洲早期的鹅毛蘸水笔，不要以为这是我们懒散、无所事事。其实，我们正悄悄地捕猎呢。我们的武器便是浑身的“鹅毛”。而我们闪光，则是为了刺激敌人，把敌人照得晕头转向，从而失去攻击能力。

闪光避害

海笔是一类美丽的无脊椎动物，它们和其他珊瑚类动物是近亲。与其他种类的珊瑚不同的是，海笔如果没有海浪的冲击和天敌的攻击，珊瑚可以长得很大。但海笔却不一样，它们长到一定大小后就不再生长。海笔不喜欢群居，常常单独居住在海底的沙地上。海笔的身体呈轴对称，在主干上对称的两侧长满了羽毛状的羽枝。羽枝上又有许多细小的对称分支，有些羽枝甚至连接成网状的圆柱体。

在放大镜下，人们可以看到网状的圆柱体实际上是由成千上万的触手交织在一起的。海水从触手中流过，其中的食物颗粒就会被触手捕获，送

▲ 海笔触手

进消化腔。海笔有一个圆柱形的中央茎，茎的上端有很多轻软的羽状物，茎的下端深入海底的泥沙中，起着固定作用。

海笔的天敌是海龟，海笔通常生活在有强大海流的地方，一般动物难以靠近，因为强大的海流会把它压扁。但是海龟不怕，它有保护外壳，可以很轻易地靠近海笔，这时，海笔会突然发出刺眼的强光，使海龟头昏眼花，分不清东西南北，这时，强大的海流会把它冲走。这种刺眼的强光就是海笔的绝招——利用复杂的“光电池”发出的光。

▲海笔

生物冷光

生物学家曾用海笔做过一次试验。当用镊子夹住海笔的一端时，这一端就发出绿光，同时向海笔身体的另一端传递，在传到端头时绿光就变成了蓝光。于是生物学家又用镊子夹住发蓝光的一端时，蓝光又改变了方向，返回了另一端。当用镊子夹住海笔的中部时，绿光立刻朝两边散开。生物学家认为，深海动物发出的光是一种不发热的“冷光”，由于发光动物含有的荧光素和荧光酶不同，因此发出的光的颜色也不同，主要有橙、红、黄、绿、蓝、紫、白等颜色，海笔发出的光主要以蓝绿色居多。海笔发出的光类似于警报，能把它周围更强大的猎食动物吸引过来，让这些动物袭击攻击自己的敌害。

在海笔这种特性的启发下，科学家们拓宽了生物冷光的应用范围，使它既可用于照明，又能应用于航空、航海、捕鱼和野营等方面，如飞机的照明系统发生故障，冷光灯可作为呼救信号灯，使飞机获救，转危为安。

光电制胜的

特殊鱼类

电鳐："海中活电站"

我们是鱼，却没有普通鱼类的身材，圆圆扁扁的倒像个大团扇，因为长期栖居在海底，我们长了个"朝天眼"。虽然不是帅哥美女，但我们也有着自己的生存妙招。呵呵，说出来会吓你一跳：我们会通过高伏电压来捕食和自卫。很新鲜吧！而且，人类的电气文明也有从我们身上得到的启示。但可恨的是，人们却没有给我们应有的荣誉，让我们名垂千古。

灵活自如供电

电鳐是一种热带软骨鱼，栖居在海底，躯体呈扁圆形，体后拖着一条粗长的尾巴，整体有些像一把团扇，在头胸部的腹面两侧各有一个肾脏形蜂窝状的发电器。这些发电器排列成"电板"柱，电鳐身上共有2000个电板柱，有200万块"电板"。这些电板之间充满胶质状的物质，可以起绝缘作用，所以电鳐本身不会触电。在神经脉冲的作用下，放电器就能把神经能转变为电能，从而放出电。每个"电板"所产生的电量比较微弱，但因为电鳐身体中很多"电板"，所产生的电压聚集起来就很高。

▼ 电鳐

在一次放电中，电鳐的电压为60～70伏。在连续放电的首次可达100伏，最大的个体放电约在200

伏左右，功率达3000瓦，所以它们能够击毙水中的游鱼和虾类作为自己的食料。同时，放电也正是电鳐逃避敌害保护自己的一种方式。更加神奇的是电鳐能随意放电，而且放电时间和强度完全能够自己掌握。因此它们有“海中活电站”的美称。

▲ 电鳐

电鳐和伏打电池

有趣的是19世纪初意大利物理学家伏打根据电鳐的电器官设计出了世界上最早、最简单的电池——伏打电池。最初，伏打把一个铜片和一个锌片插在盐水中，制成了直流电池，但是这种电池产生的电流非常微弱。后来，他模仿电鳐的电器官，把许多铜片、盐水浸泡过的纸片和锌片交替叠在一起，这才得到了功率比较大的直流电池。

伏打电池的出现是一项重大发明，它使人们第一次获得了比较强的稳定而持续的电流，开辟了电力应用的广阔道路。由于它的诞生，19世纪的第一年成了电气时代文明生活的开端。可以说电鳐在人类电力时代的进程中功不可没。

仅能电死附近的生物

你一定会问：电鳐的放电能力那么强，那它放电时周围水域里的生物都会被电死吗？电鳐的放电能力固然很大，可以电死附近的小动物，但是由于水是有电阻的，因此电鳐放的电随着距离的增加会变得越来越弱，对动物的伤害也会随之减小，所以与电鳐距离远的小动物是不会被电死的。这也正是它们捕食猎物和保护自身的绝招。

电鲶："水中电报机"

我们大概是鱼类界的"性格分裂分子"。白天安静得像个淑女，晚上又成了嗜血的暴君，见草拔草，见鱼杀鱼。而且，我们家族里男男女女长着其他鱼类家族里少有的"怪"胡子。不过，最怪的还是我们的消息传递方式：通过放电来"发电报"。

瞬间发电

电鲶是一种能发电的鱼，主要生活在非洲的尼罗河。身体呈圆筒形，头尖眼小，嘴部有三对须。全身粉红色，体裸露无鳞。当受到刺激时可以瞬间发电。电鲶放出的电压一般在150伏左右，最高电压为200多伏，有效半径6米左右。它的发电器不像电鳐那样集中在某一部位，而是存在于由鳃至尾端整个躯体的皮肤和肌肉之间，电鲶的发电器官由许多电板组成，这些电板分布在身体皮肤和肌肉之间，头部为正极，尾部为负极，电流流向是从头部流向尾部。当电鲶在水中活动时，身体的一部分触及敌人或其他物体时，马上就可以产生一种强大的电流击倒对方。电鲶放电的主要目的有两个，一个是为了捕获食物，以保证自身生存；另一个是为了防御敌人，保护自己。除此之外，它还有一项重要的功能——通信。

▲电鲶

电鲶吓唬沙丁鱼

挪威人爱吃沙丁鱼，挪威人在海上捕得沙丁鱼后，如果能让它活着抵港，卖价就会比死鱼高好几倍。但是，由于沙丁鱼生性懒惰，不爱运动，返航的路途又很长，因此捕捞到的沙丁鱼往往一回到码头就死了，即使有些活的，也是奄奄一息。只有一位渔民的沙丁鱼总是活的，而且很生猛，所以他赚的钱也比别的人多。该渔民严守成功的秘密，直到他死后，人们打开他的鱼槽，才发现只不过是多了一条电鲶。原来当电鲶装入鱼槽后，由于环境陌生，就会四处游动，而沙丁鱼发现这一危险分子后，也会紧张起来，加速游动，如此一来，沙丁鱼便活着回到了港口。

仿生探究

在对于电鱼放电的研究中，科学家用电鲶做了试验。将两条电鲶分养在两个水箱中，将两个水箱用导线相连接。

第一个试验：轻击甲水箱，电鲶发放2～5个电脉冲，乙水箱的电鲶产生逃避反应。

第二个试验：用铁棒刺激甲箱电鲶，电鲶发放21～113个电脉冲，这时乙箱电鲶发出攻击电极行为。

第三个试验：给甲箱电鲶喂食时，它发放14～562个电脉冲，这时乙箱电鲶做转圈游动，似乎在寻找食物。

由以上试验表明：电鲶受不同刺激则发出不同数量的电脉冲，同时引起另一电鲶的相应行为反应。可见电鲶放电，是在向同伴发出有无食物、有无危险的信号，它们可以自由控制发出不同的电脉冲，传递不同的信息，就像人类使用电报联络一样。

科学家对电鲶给予了极大的关注，不遗余力地对电鲶进行多角度的试验和研究，是希望能成功地模仿电鲶的电器官在海水中发出电，那么船舶和潜水艇的动力问题便能得到很好的解决。

电鳗："水中高压线"

我们这一生有2个家园。一个是我们的出生地——大海；另一个是我们永久定居的家园——淡水河。据说，我们的父母经过洄游入海后，才可能性成熟。我们虽然放电能力超强，甚至能电死一头牛，但只要利用得当也是可以为人们服务的。比如古希腊罗马时期，医生利用我们放电来治疗病人的风湿症和癫狂症。

放电量最大的鱼

电鳗和其他鳗鱼一样看起来很像蛇，但它属于鱼类。它们生活在南美洲亚马孙河和圭亚那河中，体表光滑无鳞，体形很大，最长约可达2米，重量可增长到超过20千克。成年的电鳗身体细长，呈圆柱形，头部扁平，背部一般为暗绿色或灰色，腹部为黄色。电鳗是目前所知的可以放电的鱼类中放电量最大的鱼。

一条两米长的电鳗在水中所产生的电压可达 250 伏，而离开水时所产生的电压竟高达 550 伏，并能产生足以使 6 只 100 瓦灯泡发出闪光的电流，电鳗因而被称为

▲电鳗

耗尽电会丧命

电鳗的电力很强，即使像牛和马那么大的动物，也会被电鳗一瞬间发出的高压电"麻"倒，甚至死亡。不过，电鳗发电的持续时间不长，电力消耗后会迅速减弱，而且要很长的时间才能重新恢复放电。所以，渔民们常常坐在船上，用船桨拼命拍打水面，吓得电鳗拼命放电，待电鳗放完电筋疲力尽时，电鳗就不再可怕了，渔民们就可像捕捉普通的鱼那样轻而易举地把它们捕到渔网中。

"水中高压线"。电鳗的发电器基本构造与电鳐相似，也是由许多电板组成的，主要分布在身体两侧的肌肉内，身体的尾端为正极，头部为负极，电流从尾部流向头部。电鳗的头部或尾部一旦触碰到敌人的身体，或受到刺激影响，则马上可以产生强大的电流。它所释放的电量，可以轻而易举地击毙比它小的动物，有时还会击毙比它大的动物，即使是那些涉水的马和牛都有可能被电鳗击昏。

▲电鳗头部

电鱼发电器的探索

成年电鳗的发电器约占它总体积的40%左右，发电器每侧各有两个，上面一个较大，由尾部的前端一直伸向尾部的后端，是主要发电器；下面一个较小，沿着身体下表面伸展，这些发电器都是由一系列整齐的圆盘形电板组成，约有一万多个电板，每一个电板可放出0.14伏电压，当所有电板一齐放电时，在鱼身四周的水中有电流通过形成电场，可以电击在此范围内的任何生物。电鳗体内的一些重要结构，如神经和肌肉等都由与电流绝缘的脂肪组织所包围，因此，虽然相应的电流也在电鳗体内流动，但它们不会因此而受损。

电鱼的发电器具有非常高的效率，电鳗的每克体重发电器输出电功率为0.1瓦，相当于目前汽车上用的铅蓄电池每克输出电功率的100倍。电鱼发电器不是连续地输出功率，而是以间歇方式工作。另外，电鱼发电器的小型化更是人造发电器所追求的，这些都值得人们好好地研究和模拟，这对人们制造更好的发电装置和利用动物电源必会有所帮助。

蝰鱼："珠光宝气"为捕猎

我们生活在1000~2000米的海底深处，所以我们对人类来说是非常神秘的。初次见面，人们大都会被我们的"青面獠牙"给吓坏，同时惊异我们这一身的"珠光宝气"。自然界的生存法则很简单，在黑漆漆的大海深处，我们这么做无非是为了吸引猎物，让它们自动送上门来。

发光的"毒蛇鱼"

蝰鱼是一种面目狰狞的深海发光鱼类，体长20～36厘米，体重约一千克，通体墨绿色，具有金属光泽，最有特点的部位是它的头，巨大的黑眼睛闪烁着寒光，满嘴尖利的獠牙非常大，以至于其嘴部无法包住牙齿，牙齿因而暴露在外面，看上去很像凶残无比的蝰蛇，因此而得名蝰鱼，人们也叫它们"毒蛇鱼"。

蝰　蛇

蝰蛇是蝰蛇科约200种毒蛇的统称。蝰蛇的特征是具有一对中空的注射毒液的牙齿，着生在上颚活动骨骼上（上颚骨），不用时可折回嘴内。捕食小型动物，捕猎方法是先咬伤猎物，再追踪。

它们之所以被称作"毒蛇鱼"，并不是因为它们真的有毒，只是因为其捕猎本领非常高超，捕猎方式和毒蛇很相似，它们游动时速度很快，能够飞速地冲向猎物，用像毒蛇一样长而暴出的牙齿牢牢地将其咬住，牙齿像钉子一样深深地插入猎物身体，加之蝰鱼的牙齿向后弯曲，所以猎物一旦被咬住几乎没有逃脱的可能性。

珠光宝气好"行凶"

除此之外，蝰鱼更加"醒目"，

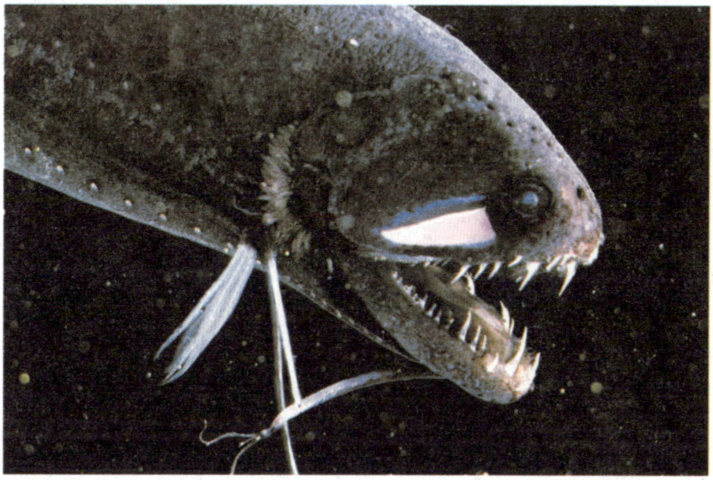
▲蝰鱼

中，在头顶不断晃动这个发光器作为诱饵，它们静悄悄地看着猎物朝着发光的诱饵游来，伺机捕食，填饱它们的肚子。它们的身体侧面也有发光器，这些发光器则不是起诱饵作用，主要是用于交配时发信号，以吸引其他的蝰鱼。

它们的体侧、背部、胸部、腹部和尾部均有发光器，可谓一身“珠光宝气”。当蝰鱼将发光器“点亮”，把自己装扮“美丽”时，也就是它们“行凶”之时。蝰鱼是肉食性鱼类，食物包括各种中小型鱼类和甲壳类，它们为了捕获浮游生物，晚上游到海面附近，白天则向深海内移动。蝰鱼有一个延长的背骨，顶端有一个发光器，因此它们常常一动不动地停在水

别看蝰鱼嘴不大，但是它们上下颌能张开到90°以上，也就是它们的嘴正常大小的两倍，所以可以吞下与自己同等大小的猎物，当它们张开贪得无厌的大嘴时，有着似乎要捕杀一切生灵的架势。蝰鱼的胃容量很大，对于多出来的猎物它们也是坚决不浪费，通常会一并吞食下去放到胃里先储存起来。

恐怖蝰鱼其实很脆弱

别看蝰鱼长相凶残，让人一看到都会做噩梦。但据科学家研究显示，虽然蝰鱼的产卵量很高，但幼鱼的成活率非常低，能够长成成鱼的个体微乎其微，即使长成成鱼后，寿命也不是很长。蝰鱼在海里确实勇猛无比，但是只要被捕获离开深海高压环境后，只能存活12~18个小时。由于它们离开深海后的生命非常脆弱，科学家很难长时间对它们进行观察研究，所以它们至今还有很多谜团尚未解开。